超帥氣

城市輕旅
The Best Multifunctional Bags
萬用機能包

後背　肩背　斜背　手提
—— 多 功 能 隨 行 包 ——

Contents 目錄

Part 2 胖咪手作包系列

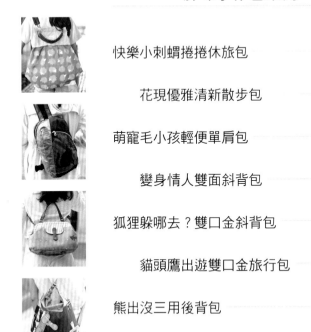

Kanmie手作包系列

作者的話

哈囉～我們又見面了！繼上本〈城市悠遊行動後背包〉受到大家熱烈喜愛與討論，我們這次帶來了全新設計的23款功能更多更強大的〈城市輕旅萬用機能包〉喔！包包絕對是美好旅行的重要角色，而能讓家人朋友們背著自己親手做的包去玩樂，是多麼美好的一件事啊！

所以這裡的每個包款，除了有實用的裡袋隔層之外，背起來輕時尚、有美感、順身型、輕量化，是我、也是現在愈來愈多人所追求的目標！而在設計做法上，從基本的技巧，再延伸出一些新鮮好玩又不艱深的做法，是愛手作的我，希望帶給大家的一些小小樂趣。一個包包一個夢想，就讓我們的每本書陪伴著你，做出獨一無二的手作包喔！

胖咪／吳珮琳

常常思考該如何將手作包與時尚結合，背著屬於自己獨特的包包，展現自我的個性美。這次除了幾款實用的後背包，另也增加了幾款兼具時尚與休閒的包款。運用簡約素雅的帆布搭配皮革的變化、防水布搭配輕巧的內裡，設計出各種不同品味、多功能的包包，更收錄了幾款背帶以及延伸變化款作法可自由搭配運用，希望可以帶給讀者更多的手作靈感與收穫。

在忙碌的城市生活中，背著屬於自己獨一無二的包包，體驗日常生活不同的樣貌。可以是每天上下班的公事包，也可以是展現時尚自我個性與品味的包包，亦或是溫馨指數UP，傳遞愛與幸福能量的後背包。放慢步調、隨意漫步，尋找日常生活中不同的樣貌，透過時尚有型或簡單俐落的包包，一起優雅又有自信的過著每一天吧！

很開心能有這難能可貴的緣份，再次與胖咪合著這本書。感謝所有支持我們的人，因為有你們，成就了現在的我們！我們會更加努力於創作、期許自己未來有更精進的作品。當然啦，如果看到喜歡的包款，就趕快動手做做看吧！手作絕非只是夢想，為家人、為朋友親手製作，除了拉近人與人之間的距離，也能傳遞愛與幸福感，讓我們一起來感受這美好。

Kanmie／張芫珍

胖咪　　Kanmie

① 一字拉鍊口袋▸

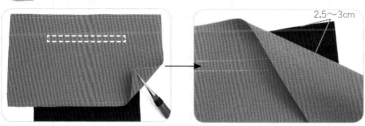

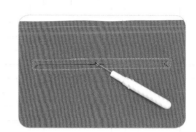
2.5~3cm

❶ 於袋身布背面要開一字拉鍊口袋的位置處，畫出所需拉鍊框大小。並與口袋布正面相對，車縫拉鍊框一圈。 **Tips** 口袋布上方距拉鍊框約2.5cm~3cm。

❷ 將拉鍊框中間先用拆線刀劃開，再依圖示剪Y字開口。兩端轉角處小心不要剪到縫線。

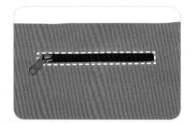

❸ 從洞口將口袋布往後翻並將拉鍊框周圍用骨筆刮順，或視布料材質整燙平整。

❹ 於下層置中放上拉鍊，沿拉鍊框車壓0.2cm一圈，固定拉鍊。

❺ 翻到背面，將口袋布往上翻，正面相對對摺，車合口袋布三邊。

Tips 只車口袋布，袋身布不車。

❻ 完成一字拉鍊口袋。

② 下挖式拉鍊口袋▸

❶ 於袋身布背面要開拉鍊口袋的位置處，畫出所需拉鍊框大小。並與口袋布正面相對、上方置中齊邊，車縫拉鍊框。

❷ 依圖示修剪縫份，並於兩端轉角處剪牙口，小心不要剪到縫線。

❸ 將口袋布往後翻回正面，並將拉鍊框周圍用骨筆刮順，或視布料材質整燙平整。

④ 於下層置中放上拉鍊，沿拉鍊框車壓0.2cm固定拉鍊。

⑤ 翻到背面，將口袋布往上正面相對對摺，上方齊邊，先車合口袋布二側，再將上方疏縫固定。

Tips 只車口袋布，袋身布不車。

⑥ 完成下挖式拉鍊口袋。

3 拉鍊口布

A.基本拉鍊口布作法

① 先將拉鍊口布表、裡布各一片，頭尾兩端縫份內摺，正面相對夾車拉鍊一側。

② 翻回正面，將表、裡布及頭尾兩端用骨筆順好，沿邊壓線0.2cm。

③ 同作法，將另一拉鍊口布表、裡布，頭尾兩端縫份內摺，正面相對夾車拉鍊另一側。

B.隱藏式拉鍊口布作法

④ 翻回正面，用骨筆順好，沿邊壓線0.2cm。完成拉鍊口布。

① 將拉鍊口布前片表、裡布，正面相對夾車拉鍊一側，拉鍊正面朝表布正面。

② 翻回正面，沿邊壓線0.2cm。

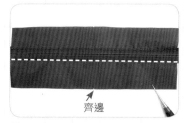
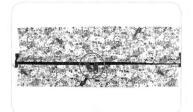

③ 再將拉鍊口布後片表、裡布，正面相對夾車拉鍊另一側。拉鍊正面朝表布正面。

④ 翻正並將拉鍊口布後片表、裡布邊緣對齊，由裡布那面沿邊壓線0.2cm。

齊邊

⑤ 翻正並從拉鍊尾端裝上拉鍊頭，完成隱藏式拉鍊口布。

4 皮革出芽及包繩

A.出芽作法

① 將包邊條對摺夾入塑膠繩疏縫固定，頭尾約留5cm先不車。

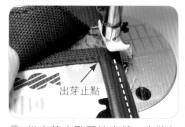

出芽止點

② 從出芽止點開始車縫，先將包繩前端包邊條內摺，將包繩沿邊疏縫固定於袋身。

③ 車到轉彎處時，先於包邊條剪牙口，再接續疏縫才會比較順。

④ 車到尾端另一邊出芽止點時，先將塑膠管順好塞飽後再剪掉多餘的塑膠管，出芽才會比較挺。

出芽止點

⑤ 再將包邊條尾端依圖示內摺，疏縫固定。

⑥ 修剪兩端多餘的包邊條，完成袋身出芽。

B.包繩作法

5cm先不車

① 同「出芽作法」步驟1，將包繩布對摺夾入塑膠管疏縫，再沿邊疏縫固定於袋身上，起頭先留5cm先不車。

② 車到轉彎處時，於包繩布剪牙口，再接續疏縫才會比較順。

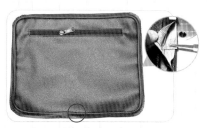

③ 車到尾端時，將包繩布重疊約1.5cm，並剪掉多餘的塑膠繩及包繩布，再接續車縫固定，完成袋身包繩。

5 縫份包邊

A.內袋縫份包邊作法

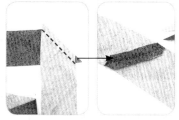

① 將裁好的包邊條車縫接合至所需長度，再將縫份燙開並修剪多餘的部份。 **Tips** 包邊條布紋需為斜布紋，延展性才會比較好。

② 將包邊條兩側往中心線摺燙，或利用滾邊器摺燙好。

內摺1cm

③ 打開包邊條，起頭依圖示將前端先內摺1cm，再將包邊條與袋身表布正面相對，沿邊車縫固定於袋身。

④ 車到尾端處重疊，並多留約2cm 的布條，再剪掉多餘的布料。

⑤ 再將包邊條另一側縫份內摺後，再往後翻摺，將縫份包起並蓋住後方車線處，用強力夾夾好。

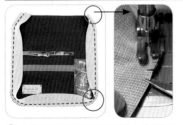

⑥ 再沿邊車壓0.1cm固定包邊條。

Tips 壓線時，要一邊用錐子將包邊條邊緣往內推壓避免滑走，並且要剛好遮住下層車線再車才會比較美觀。

⑦ 完成內袋身縫份包邊。

B.皮革包邊條正面車壓包邊作法

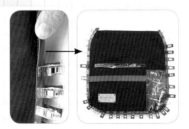

① 包邊條與表布正面相對，依圖示沿邊車縫，圓弧處需剪牙口。

Tips 此時可將縫紉機下線更換為後方裡布相近色會比較美觀。

② 將包邊條另一側縫份內摺再向後翻摺，並且要剛好蓋住車線，用強力夾夾好。

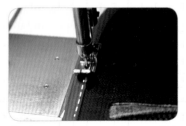

③ 小心翻回到正面，於正面沿邊車壓0.2cm將縫份包邊固定。

④ 完成皮革包邊。

Tips 車壓時請注意後方必須要剛好蓋住車線，於正面壓線時才不會跑掉沒壓到唷。

 小祕訣，不藏私

　　皮革包邊條因較無彈性，車到轉彎或圓弧處時牙口要剪密一點才會比較順，並且壓線到圓弧轉彎處時，可稍微立起來壓線會比較好壓。

6 雙色斜背帶

Tips 背帶飾布與織帶要有約8cm的落差，以便織帶可以將背帶飾布縫份包起。
例：背帶飾布112cm，織帶120cm。（材料配件請參考P.110「微笑旅行郵差包」）

① 背帶飾布③兩側往中心摺，用骨筆順好。

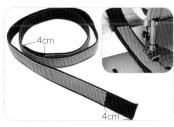

② 再將飾布置中放置織帶上，織帶頭尾兩端留約4cm。再分別於背帶飾布兩側，沿邊壓線0.2cm固定飾布。

③ 於背帶一端依圖示先套入日型環，並將織帶尾端內摺，蓋住飾布縫份邊，加強車縫固定。

④ 再依圖示先套入龍蝦鉤後，再穿回日型環。

⑤ 最後於背帶另一尾端套入龍蝦鉤後，將尾端內摺並蓋住飾布縫份邊後，車縫固定。

⑥ 完成雙色斜背帶。

7 可調式皮條斜背帶與短提把 （材料配件請參考P.136「知性典雅三層拉鍊包」）

A.可調式斜背帶作法

① 將皮條一端夾上束尾夾，用膠槌敲合固定。

② 套入日型環後下摺約3.5cm，用鉚釘固定。

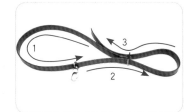

③ 於皮條另一端依圖示先穿入龍蝦鉤後，再套回日型環。

④ 再於另一端夾上束尾夾、穿入龍蝦鉤後，下摺約3.5cm，用鉚釘固定。

⑤ 完成可調式背帶。

B.短提把作法

⑥ 取所需皮條，參考「可調式斜背帶作法」步驟1和4，即可製作短提把。**Tips** 可依喜好長度自由運用製作肩背帶唷！

織帶連接片 ▶ （材料配件請參考P.185「經典帆布後背包」）

① 8cm織帶兩條，分別對摺套入D型環車縫固定。

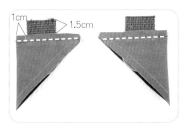

② 再取織帶連接布正面相對對摺，依圖示夾車織帶車縫固定。

③ 翻回正面，沿邊壓線0.2cm，並將內側織帶尖角稍微修剪，避開縫份。

 減壓後背帶 ▶ （材料配件請參考P.185「經典帆布後背包」）

① 將EVA軟墊置中於減壓背帶布裡布背面，再覆蓋上背帶表布並與裡布背面相對。

② 沿邊緣縫份0.5cm處用強力夾夾好將軟墊包覆。**Tips** 可用雙面膠將EVA軟墊稍微黏貼輔助固定。

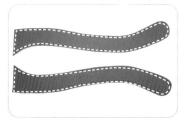

③ 再沿邊緣疏縫0.5cm一圈，將EVA軟墊包在中間夾層固定，避免軟墊滑走。

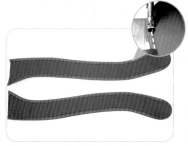

④ 取3.5cm寬包邊條沿背帶邊緣將縫份包邊。 參考 ⑤【縫份包邊B】

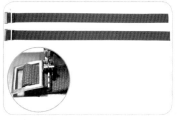

⑤ 取3.2cm寬織帶60cm兩條，分別套入日型環，並於織帶尾端內摺1.5cm，車縫固定。

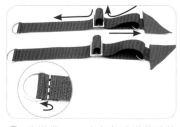

⑥ 將織帶另一端先穿過織帶連接片D環，再穿回日型環。再於尾端套入D型環後，將尾端內摺1.5cm車縫固定。**注意**：此處織帶連接片的方向為一左一右不同邊。

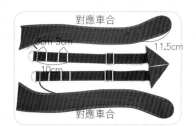

⑦ 依圖示分別於織帶及減壓背帶上標示車縫記號。**注意**：減壓背帶及織帶皆有方向性。

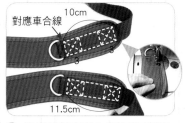

⑧ 將織帶對應車合線對齊背帶上的記號線，依圖示將織帶置中車縫固定於背帶上。**注意**：減壓背帶及織帶有方向性，不要車錯邊。

⑨ 完成減壓後背帶。

10　單肩拉錬後背兩用背帶　　（材料配件請參考P.167「繽紛花漾單肩拉錬後背包」）

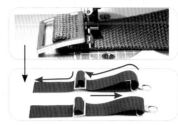

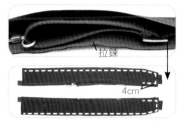

① 將碼裝拉錬前端內摺，依圖示位置，將拉錬車縫固定於平口處。拉錬正面朝背帶布表布正面。

② 將織帶套入日型環後，尾端內摺1cm，來回車縫加強固定，再依圖示將織帶先套入龍蝦鉤後，再穿回日型環。

③ 背帶布裡布再與表布正面相對，並將織帶尾端夾入背帶斜口那一端，織帶日環正面朝表布正面，依圖示車縫固定。

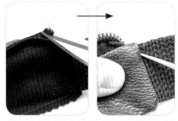

④ 用鋸齒剪修剪轉角及彎處縫份，並修剪拉錬尖角的部分。再將背帶翻回正面，用錐子將尖角處整理好。

⑤ 將EVA軟墊塞入背帶布表布拉錬下，再將裡布另一端縫份內摺，並蓋住後方拉錬的車線，將軟墊包覆其中。

⑥ 先用強力夾夾好，再沿背帶邊緣壓線0.2cm一圈將縫份及軟墊固定。

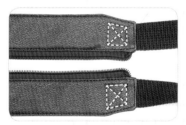

Tips 只要省略車縫拉錬的部分，即為基本款減壓後背帶作法唷！

⑦ 並於織帶連接處依紙型位置車壓加強固定框。

⑧ 從拉錬尾端裝上拉錬頭，完成單肩拉錬後背兩用背帶。

11　單肩減壓背帶　　（材料配件請參考P.176「環遊世界親子悠遊單肩包」）

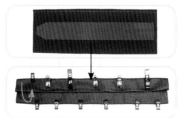

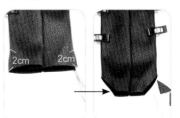

① 先於背帶布一側邊畫出1cm縫份線，並將EVA軟墊其中一端依圖示修剪斜角。 **Tips** 軟墊斜角可依所使用的織帶寬度適度調整修剪。

② 將EVA軟墊置中於背帶布上，並將背帶布兩側往中間摺包覆軟墊，上方1cm縫份內摺蓋上，讓摺線置中。兩側邊用強力夾夾好。

③ 在軟墊有剪斜角的那一端，將背帶布左右兩邊剪開約2cm，並順著兩邊斜角將內側縫份修剪掉一些。

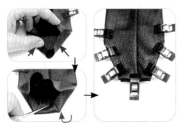

④ 再將背帶布順著軟墊兩側斜角方向，往中心內摺，再將末端縫份內摺用強力夾夾好。

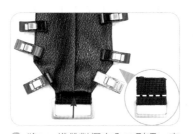

⑤ 將6cm織帶對摺套入口型環，車縫固定後，再將織帶插入背帶下方開口中，用強力夾夾好。

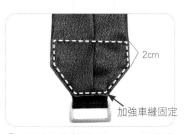

2cm

加強車縫固定

⑥ 依圖示沿邊車壓0.2cm固定織帶，其中背帶與織帶連接處需來回車縫加強固定。

⑦ 再沿中間摺線處沿邊壓線0.2cm固定背帶及軟墊。

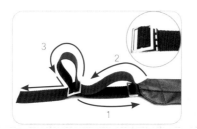

⑧ 取織帶63cm一條，一端先套入日型環並將尾端內摺車縫固定。再依圖示套入背帶上的口型環，並穿回日環。

⑨ 再於織帶尾端套入龍蝦鉤後，將尾端內摺1cm，車縫固定。完成單肩減壓背帶。

12 扣具減壓後背帶 ▶

準備材料 ★除指定外，縫份為1cm。　★通用紙型有分大人版及小人版，紙型已含縫份。

① 單耳日型環
② 插扣
③ 樓梯環
④ 束帶圈

【小聰明親子伸縮後背包】
・表布(帆布)×2—本書通用紙型1-1
・背布(壓棉布)×2—本書通用紙型1-2
・內墊(EVA軟墊)×2—本書通用紙型1-3
・2cm寬織帶：60cm×2條、50cm×1條、12cm×1條
・2cm塑鋼扣具：①單耳日型環×2個、②插扣×1個、③樓梯環×2個、④束帶圈×3個
【復刻青春雙層口金後背包】材料請參閱P.97

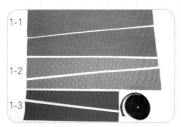

1-1
1-2
1-3

① 裁布圖：紙型為梯型，可如圖交錯排列裁，以節省布料。

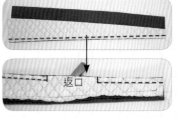

返口

② 取1-1、1-2各一片，頭尾相對，正面相對，車合一側。另一側對齊後也車合，要留一段約10cm之返口。

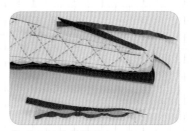

③ 靠尾端的縫份剪去一半。

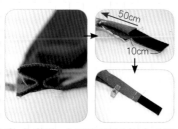

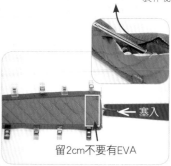

④ 如圖將1-1尾端兩側往內中央摺好，取一條60cm織帶塞入50cm，留10cm在外面，之後車合縫份。
補充 【復刻青春雙層口金後背包】為30cm織帶塞入20cm。

⑤ 由返口翻回正面，縫份自然地往兩側倒，以骨筆整型後，用夾子夾好兩側。 **Tips** 翻面小技巧：尾端可直接由內往外拉抽織帶，便可輕易翻正喔。

⑥ 1-3用穿帶夾夾好，由頭塞入，頭端留2cm不要有EVA，之後與包身的組合才不會過厚。夾子可由返口取出。 **Tips** 勿用力拉扯EVA以免破損。

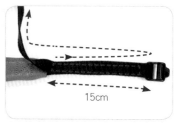

⑦ 壓車兩側縫份，順便車合返口。

尾端如圖示車線車合，以加強固定。

⑧ 織帶穿入梯形環後反摺約15cm，如圖車合固定。 補充
【復刻青春雙層口金後背包】為反摺9cm，尾端向內摺二摺後車合固定即可，且省略以下步驟。

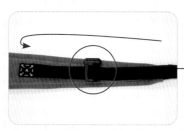

⑨ 再穿入單耳日形環後，將織帶尾端摺入，如圖車合固定於背帶上收尾。另一側背帶也依上步驟完成。

Tips 單耳日型環耳朵的方向，皆往內。

⑩ 12cm織帶穿入單耳日形環後，再穿入一側插扣。織帶頭尾正面相對，車合縫份。

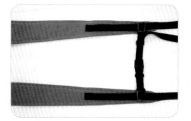

把織帶正面翻回來，如圖示線車合固定。

⑪ 取一條50cm織帶，一端穿入另一條背帶的單耳日形環後固定。另一端則是先穿入束環，再穿入一側插扣，再返回穿入束環，尾端摺二摺車合收尾。

⑫ 完成如圖。

13 後背及斜背兩用背帶 ▶

準備材料

- 織帶80~100cm×2條／・日型環×2個／・背帶鉤×2個／・活動圓環×1個

Tips 織帶長度視包包大小、或提把長度,可自行調整。

① 取一條織帶,一端穿過圓環後,摺兩摺車固定。

② 另一端則穿過日型環再穿過背帶鉤,再返回穿入日型環,摺一摺車固定。

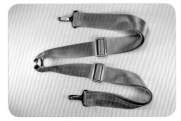

③ 另一條織帶車法相同。兩用背帶即完成。

④ 使用時,背帶鉤勾於包包上即可斜背使用。另,再將活動圓環勾於包包中心點(如提把)即可後背使用。

⑤ 範例使用:用於P.66「甜蜜時光媽寶甜心包」,馬上變身為三用包喔!

14 好好握手提把 ▶

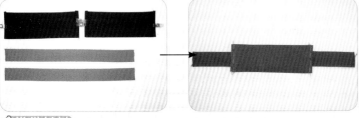

② 上下縫份摺入。摺時如圖要多凸出織帶約0.4cm,讓下個步驟有壓線的位置。

0.4cm

準備材料

- 手提把布:22cm×7cm×幾片依包款決定
- 3cm織帶:35cm×幾條依包款決定

① 手提把布兩側縫份往內摺入,置中車於織帶上。

③ 對摺車合。

Tips 因為剛才沒有全摺進去,所以可如圖用單邊壓布腳緊靠織帶車合。

於兩側織帶處補強車合即完成。

④ 釘上鉚釘,加強固定。

15 碼裝拉鍊的收尾

A.有擋布

❶ 將頭尾1cm之拉齒拔除。

❷ 置入拉頭。

❸ 表裡擋布夾車頭尾拉鍊布。車的時候要換單邊壓腳，儘量靠近齒去車合。

❹ 夾車後翻正壓線。

Tips 在壓線前要檢查，可能還會有一些隙縫，這會影響到拉頭拉得順不順。若還有隙縫，可將擋布往拉齒方向推出一些，以將其擋住，再壓線車合。

❺ 完成有擋布的碼裝拉鍊。

B.無擋布

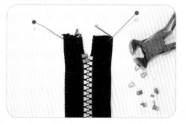

❶ 將頭或者頭尾1.5cm之拉齒拔除。

❷ 置入拉頭。

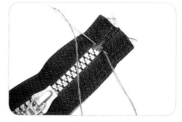

❸ 在最靠近齒的地方，用手縫繞圈的方式，拉緊拉鍊布，使二側齒不會分開。

16 特殊拉鍊擺法（胖咪專屬設計）

❹ 完成以手縫線當成上下止的碼裝拉鍊。

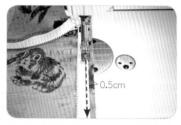

❶ 拉鍊布與袋身布上緣彼此相距0.5cm，即使不更換單邊壓腳也可順利車縫。另一個好處是可以使包身拉鍊布寬加大，更好拉闔。

❷ 利用空出的0.5cm縫份來剪鋸齒狀或牙口，就不會剪到拉鍊布本身而使其變得不耐用。

快樂小刺蝟
捲捲休旅包

利用雙面防潑水尼龍布設計出
無紙型、無內裡的作法，
是初學者也能輕鬆駕馭的包款。
隨身攜帶超能裝，再多東西背著它，
說走就走！

完成尺寸：長40×寬15×高41cm

裁布表 ★數字尺寸已含縫份，除指定外皆為1cm

部位名稱	尺寸	數量	燙襯參考或備註
下袋身布	① ↔ 96cm × ↕ 35cm	1	
收納袋布	② ↔ 24cm × ↕ 40cm	1	
上袋身布	③ ↔ 72cm × ↕ 20cm	1	
背帶布	④ ↔ 52cm × ↕ 10cm	2	
提把布	⑤ ↔ 20cm × ↕ 10cm	1	

其它材料

- 17mm企眼釦×8組。
- 兩洞束扣（豬鼻子）×4顆。
- 5mm蠟繩400cm×1條。
- 3V（布寬2.5cm）定吋拉鍊：20cm×1。

- 魔鬼氈2.5cm×10cm×1組。
- 2cm寬鬆緊帶20cm×1條。
- 布標×1個。

裁布示意圖（單位：cm）

· 小刺蝟尼龍布

· 素色防水尼龍布

· 壓棉布

```
10 | ④ | ④ | ⑤ |
        124
```

How to make

製作主袋身 ★先依圖示於袋身布①畫好單摺記號（單位：cm）

```
4.5  4  4  6    6  4  4 3.5 3.5  4  4  6    6  4  4 4.5
  2   2  2        2   2   2        2  2  2      2  2  2
        側中            前中            側中
  2   2  2        2   2   2        2  2  2      2  2  2
4.5  4  4  6    6  4  4 3.5 3.5  4  4  6    6  4  4 4.5
```

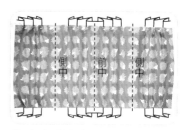

❶ 摺好①之上下縫份，疏縫起來。

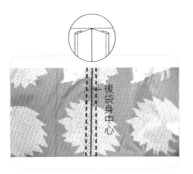

② 將①兩側縫份正面相對齊車合起來。此車合線為後袋身中心點。

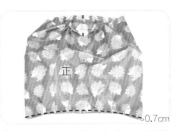

③ 縫份刮開後，兩側縫份各往內摺，車合起來，以隱藏縫份。

④ 翻至正面，前、後袋身中點對齊後，把袋身攤平，袋底以縫份0.7cm車合。

⑤ 翻至反面，以1cm縫份再車合一次袋底，使步驟4之縫份被包住。

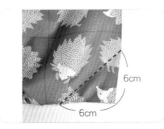

⑥ 翻回正面後如圖距，車合左右兩側底角。

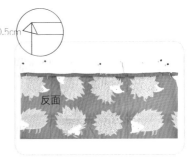

⑦ 取收納袋②上緣往內摺入0.5cm。

⑧ 將正面朝上，與20cm拉鍊齒相距0.2cm後直接車合其上。

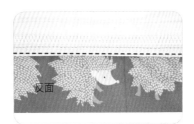

⑨ 接著翻至反面，沿著拉鍊布的邊緣再車合一道，以隱藏縫份。

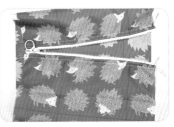

⑩ 另一側拉鍊也依同法車好。

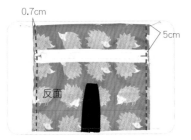

⑪ 翻至反面，上方以距離5cm將收納袋攤平。接著以0.7cm縫份車合兩側。取20cm鬆緊帶，摺半車於底部中央。

⑫ 翻回正面，於底部運用單邊壓布腳，緊靠鬆緊帶邊緣以ㄇ字型車合，鬆緊帶虛邊即可被包覆往。

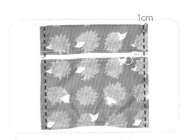

⑬ 以1cm縫份車合兩側邊。

⑭ 將收納袋置中車於後袋身上緣。

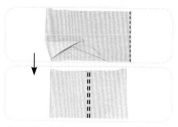

⑮ 袋身布③反面朝外對摺後車合（此車合線即為後袋身中心點）。再依步驟3的方式將兩側縫份各往內摺車合起來以隱藏縫份。

⑯ ③與①正面相對，且彼此的後袋身中心點對齊，車合上緣縫份。

⑰ 將③往上翻正，並將縫份全倒向③。

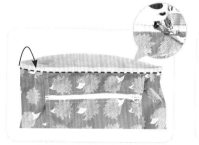

⑱ 再順著縫份邊邊，將③往內翻摺好後車合起來。落針處在兩布接合處。

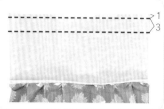

⑲ 將③往上翻回，如圖距畫上二條平行線，

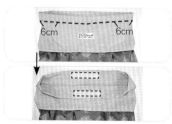

⑳ 依線往內摺二摺後，車合起來。再於前袋身中央車上布標。並於前後袋身左右兩側6cm處做記號。取魔鬼氈車於前後袋身內面中央。

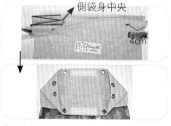

㉑ 將前後袋身左右兩側6cm往內凹摺使側邊成W型並夾好。再於左、右距袋邊4cm處各打穿4個洞後，安裝好8個企眼扣。

製作背帶

㉒ 400cm蠟繩摺半，將摺半處先車於後袋身的一側底角，繩尾以手縫方式緊緊圈縫，讓繩尾不繃開，以便能順利穿過束扣

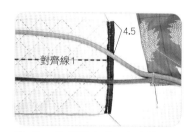

㉓ 取一條背帶布④，左右縫份先往內摺好並車合後，置於蠟繩下方。於4.5cm處畫一條對齊線1。

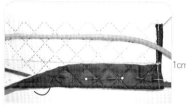

㉔ 將④下緣往上摺，包覆住蠟繩，並往對齊線1對齊，暫用珠針固定。

㉕ 於對齊線1下方1cm處再畫一條對齊線2。將上緣縫份往內摺好後，再往下摺一次，包覆住蠟繩，並往對齊線2對齊。

㉖ 中央車合起來，完成一側背帶。

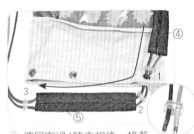

㉗ 繩尾穿過1號束扣後，接著穿過一側的4個企眼洞，再穿過2號束扣。依步驟23~26的方式，將提把布⑤車好。確認提把位於正中央後，將其與蠟繩車固定。

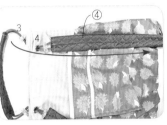

㉘ 繼續穿過3號束扣後，接著穿過另一側的4個企眼洞，再穿過4號束扣。依步驟23~26的方式，將另一片背帶布④車好。

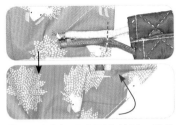

㉙ 最後將繩尾車固定於另一側袋底角。再依步驟6的車線為摺線，往上摺好。

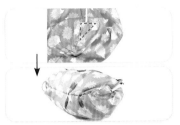

㉚ 如圖以三角型車固定於後袋身布。小心不要車到前袋身布。完成。

收納方式

❶ 將收納袋反面翻出。

❷ 任意摺疊袋身塞入收納袋中。

❹ 捲摺後，用鬆緊帶圈住即可隨身攜帶囉！

❸ 拉上拉鍊。

拉鍊袋兼具收納小物的功能。利用4個束扣能調節背帶長度。

花現優雅
清新散步包

交叉型的肩背帶,具有不易滑落的特色,
弧形拼接打摺設計,也為包包增添優雅的氣質,
內袋雖多,卻簡單易做!
是很適合日常使用的常備包款。
說走就走!一起散步去吧!

完成尺寸:長40cm×寬12cm×高25cm

裁布表 ★紙型外加縫份1cm，數字尺寸已含縫份　★此包皆用防水布：免燙襯

部位名稱	尺寸	數量	備註
表袋身			
拉鍊口袋	紙型A	表2	
	紙型A1	裡2	配合25cm拉鍊
拉鍊上緣布	紙型B	2	
造型拼接布	紙型C	4	注意裁布方向，正反各2
側身布	紙型D	2	
袋底布	① ↔ 66cm × ↕ 13cm	1	
口環布	② ↔ 6cm × ↕ 7cm	2	
背帶布	③ ↔ 90cm × ↕ 6cm	2	
裡袋身			
袋身布	紙型E	2	
口袋布	④ ↔ 28cm × ↕ 40cm	2	
水壺袋布	⑤ ↔ 20cm × ↕ 20cm	2	
拉鍊口布	⑥ ↔ 42cm × ↕ 7cm	2	
貼邊	⑦ ↔ 50cm × ↕ 5cm	2	

 其它材料

- 3V定吋拉鍊：25cm×3條、雙拉頭50cm×1條。
- 3cm寬織帶：87cm×2條。
- 3cm：日型環×2個、口型環×2個。

 裁布示意圖（單位：cm）

・圖案棉麻布

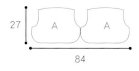

・壓棉布

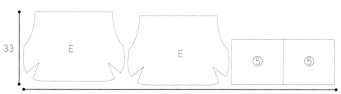

・灰防水布

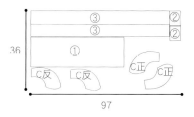

・薄尼龍防水布

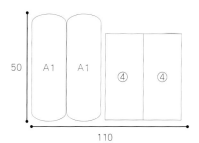

・粉紅防水布

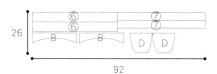

製作前後袋身

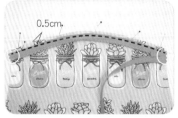

① 取25cm長拉鍊與A正面相對，彼此布邊相距0.5cm疏縫上去。注意兩側縫份處（黃圈）不能有拉齒。

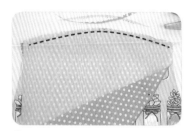

② 取A1與之正面相對，以點對點車縫（兩側縫份處不車到）夾車拉鍊，再將縫份剪成鋸齒狀。

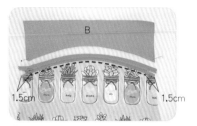

③ 翻正壓線，左右兩側各留1.5cm不車。取B準備與另一側拉鍊接合。

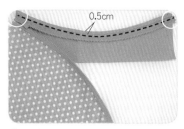

④ 將拉鍊與B彼此布邊相距0.5cm正面相對疏縫，也要注意兩側縫份處不能留有拉齒。

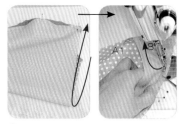
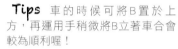

⑤ 將另一端A1往上摺，與B正面相對，夾車拉鍊。

Tips 車的時候可將B置於上方，再運用手稍微將B立著車合會較為順利喔！

⑥ 將縫份剪成鋸齒狀。

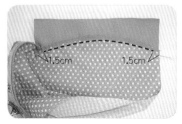

⑦ 翻至正面縫份皆倒向下後壓線，左右兩側各留1.5cm不車。

⑧ 整理好口袋與拉鍊後，先用珠針假固定一下。

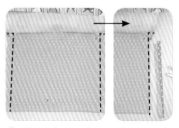

⑨ 將A向上翻露出A1，依圖示將左右兩側各留1.5cm的縫份車合。再剪去多餘的縫份（留0.5cm即可），拉鍊口袋完成。

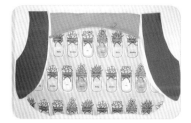

⑩ 取C正裁反裁各一片，如圖置於左右兩側。

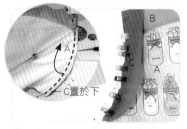

⑪ C與B＋A正面相對，再參考紙型上的合印記號，用珠針／強力夾固定好。

Tips 車合時，由於弧度的關係，將C置於下方，再運用手稍微將A立著車，會較為順利。

⑫ 兩側都車好後，將縫份剪成鋸齒狀。

製作側袋身與組合表袋身

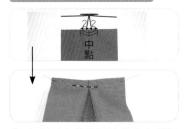

⑬ 翻正後縫份倒向C並車壓線。一共完成兩片前後袋身。

⑭ 如圖示在①的兩端畫上合摺記號，摺好後疏縫起來。

再取D與之正面相對後車合。

⑯ 翻正後縫份倒向D車壓線，另一片D也同法車合，以完成側袋身。

⑰ 接著組合側袋身與前後袋身。

⑱ 側袋身與一片袋身布正面相對，對齊袋底中點與側身合印記號後車合。圓角處可依情況剪牙口以利對齊。

⑲ 翻回正面縫份倒向側袋身，刮平邊緣後壓線固定。

⑳ 另一片袋身布也依相同方式，與側袋身做接合。

㉑ 口型環布②之長邊兩側住中央內摺後車縫起來。穿入口型環後反面相對對摺，如圖疏縫於同一側邊的C上方，口型環布的縫份可多突出約1cm。

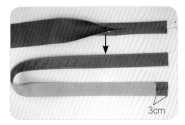

㉒ 背帶布③之短邊兩側住中央內摺後車縫於織帶上。一端預留3cm不與織帶車合，共完成二條。

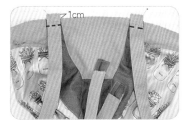

㉓ 如圖將二條織帶疏縫於另一側邊的C上方，縫份可多突出1cm，表袋身完成。

Tips 織帶多突出袋身幾公分，有利於翻正後可做加強車縫固定。

製作裡袋身

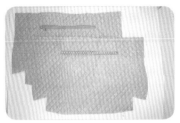

24 取口袋布④與25cm拉鍊,於裡袋身布E的指定位置各別製作一字拉鍊口袋與一字口袋,製作方式請 參考 1【一字拉鍊口袋】,去除拉鍊車縫,即可做出開放式的一字口袋。

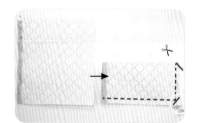

25 水壺袋布⑤一側之縫份往內摺入後,正面相對摺半,如圖示車合。再剪去轉角的多餘縫份。

26 翻至正面後四周壓線一圈,共完成二片。

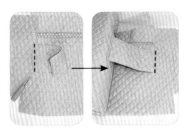

27 取一片⑤先車一側於裡袋身布E之左側邊。(參照紙型E水壺布位置)再將另一側固定於另一片裡袋身布E之右側邊。另一片⑤同樣固定於二片裡袋身布的另一側。

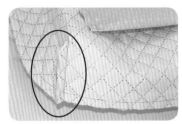

28 將E之底角縫份車合。

29 2片E正面相對齊車合。

Tips 底角縫份要錯開放才不會太厚。

30 將縫份打開刮平並壓線。

Tips 車至⑤時,車至不能車即先斷線,壓腳跨過⑤後再接續斷線處回針續車。

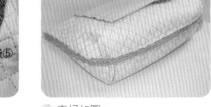

31 車好如圖。

組合表裡袋身

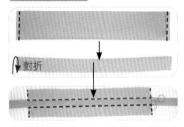

對折

32 將拉鍊口布⑥左右兩側之縫份摺入,並壓線固定,再反面相對摺。再將2片口布與50cm長拉鍊中點對齊,分別車於拉鍊布之兩側。

中點

33 將拉鍊口布背面與裡袋身正面相對,中點對齊後疏縫好。拉鍊頭尾如圖,平順車於袋身左右兩側。

Tips 不要車到拉齒,以免斷針。

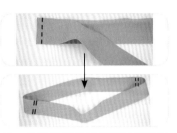

34 2片貼邊⑦的兩側正面相對車合,翻面後打開縫份,車壓固定。

㉟ 再與袋身拉鍊口布正面相對，四周對齊後車合一圈。

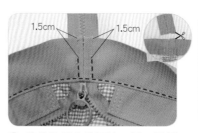

㊱ 縫份全倒向⑦壓線一圈。再運用單邊壓腳，避開袋口下1.5cm，在拉齒兩側車縫固定（藍線）。剪去背面沒車縫到的多餘拉鍊布。

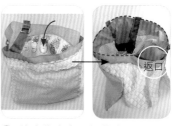

㊲ 將表袋身塞入裡袋身，正面相對，四周對齊後車合起來。返口預留在側袋身。

㊳ 翻正後袋口壓線一圈固定。接著將對面袋身的織帶穿入日型環，再穿入這面袋身的口型環，再如圖返回穿入日型環後車合固定。

Tips 步驟22中比織帶多出的3cm背帶布，用在最後的反摺車合，目的在減少車合厚度。

㊴ 同樣固定另一條織帶後形成交叉型的肩背帶，包包即完成。

優美的袋型藏有好多的收納口袋，
A4資料夾放下去也沒問題！
不管是散步逛街、上班辦事，
都想背著它！

萌寵毛小孩
輕便單肩包

最實用的三拉鍊隔層，輕量之外收納力也滿分。貼心設計的雙邊插扣，慣用左肩或右肩皆可隨時轉換。前方拉鍊袋取圖成了重點，就讓最愛的毛小孩成為主角吧！

完成尺寸：長20×寬6×高30cm

中間是連水壺都放得下的最大拉鍊隔層，隨時補充水分沒問題！

手機口袋貼心隱身在造型口袋後方。

巧妙利用單肩背帶做間隔，使後方拉鍊袋兼具防盜功能！

裁布表 ★紙型外加縫份1cm，數字尺寸已含縫份　★此包皆用防水布，無燙襯

部位名稱	尺寸	數量	備註
造型拉鍊包	依紙型A	表2	注意裁片方向，正反各1
		裡2	注意裁片方向，正反各1
前袋身布（右側）	依紙型B	1	
口袋布	① ↔ 13cm × ↕ 35cm	1	
前袋身布（左側）	依紙型C	1	
袋底配色布	② ↔ 21cm × ↕ 9cm	1	
前袋身內裡布	依紙型D	1	
內裡隔層布	依紙型E	2	
口袋布	③ ↔ 15cm × ↕ 35cm	2	
單肩背帶布	④ ↔ 55cm × ↕ 18cm	1	
	⑤ ↔ 48cm × ↕ 7cm	1	EVA軟墊，無裁布圖示
後袋身布	依紙型F	表1	
		裡1	

其它材料

- 3V（布寬2.5cm）之定吋拉鍊：20 cm×1條。
- 5V（布寬3cm）之碼裝拉鍊：35cm×1條、41cm×1條。拉頭×4個。
- 2.5cm塑鋼插扣×2組、日型環×1個、口型環×1個。
- 2.5 cm寬織帶：10cm×3條、80 cm×1條。
- 11 cm長皮片×1片。
- 25 cm長皮條×1條、皮尾夾×2個。
- 插式磁扣×1組。
- 鉚釘X數組。

裁布示意圖（單位：cm）

· 毛小孩防水布

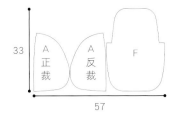

· 英文防水布

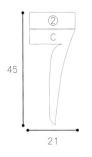

· 黃色尼龍防水布

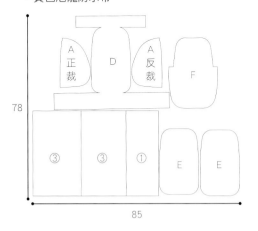

· 黑色防水布

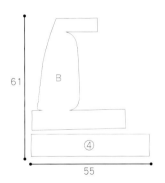

製作造型拉鍊包

① 將20cm拉鍊頭尾摺起，與表A（正裁那片）正面相對，布邊相距0.5cm疏縫起來，開頭縫份內不要有拉齒。

Tips 拉鍊下止相對處為止縫點。

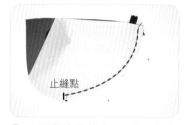

② 取相對應的裡布A與之正面相對，夾車拉鍊，從頭車至止縫點。

③ 縫份剪鋸齒狀後翻正壓線，只壓線至止縫點前1cm即可（需回車）。

④ 取另一片表A與另側拉鍊正面相對，依相同方法疏縫。

⑤ 取另一片裡A與表A正面相對，依同法夾車另一側拉鍊。

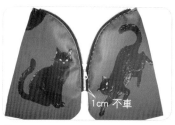

⑥ 完成對稱的2組。

⑦ 表裡布各自正面相對，由側邊開始車合，車至尾端時會接合到步驟2的車縫線（需回車）。將縫份修小剩0.5cm，圓角處也要剪成鋸齒狀。

⑧ 翻正後刮整好縫份，如圖示車合表裡布，縫線會接合到步驟3的車縫線（需回車）。再依紙型A指定位置安裝磁扣公扣。

製作前袋身

⑨ 取B、C、②這三片先擺放好位置。

⑩ 取①於紙型B指定位置，製作一字口袋。

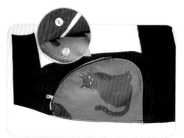

⑪ 再將造型拉鍊包置於紙型B指定位置車合。在相對位置於B安裝另一側磁扣。

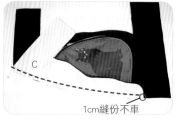

⑫ C與B如圖正面相對車合，下方的1cm縫份處不要車到。

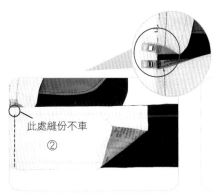

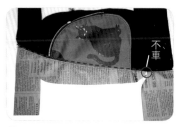

⑬ ②與B如圖正面相對車合，上方1cm的縫份處不要車到。車好完成如圖，C與②會有點分開是正確的。

⑭ ②翻至正面，翻份倒向②，除上方縫份之外，其餘壓線車合。

⑮ 將C翻至正面，翻份倒向C，除下方1cm縫份之外，其餘壓線車合。至此完成的表袋身暫稱為表D。

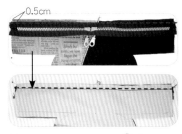

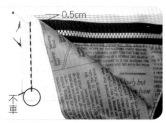

⑯ 取35cm拉鍊，參考 ⑮【碼裝拉鍊的收尾B】頭尾處理好後，與表D上緣正面相對。布邊相距0.5cm疏縫起來，縫份內不能有拉齒。取裡布D與之正面相對夾車拉鍊。

⑰ 翻正壓線。

⑱ 接合左側邊袋身。將表布與裡布的左下側袋身都往上拉與拉鍊左側邊布平齊，彼此正面相對，且與拉鍊布上緣相距0.5cm，除下方1cm不車外，其餘車合。

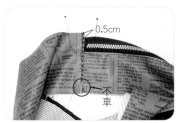

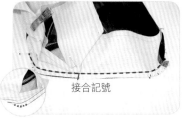

⑲ 翻正壓線，下方留1.5cm不車。繼續依同法，接合右側邊袋身。

Tips 留1.5cm不車，可使步驟21車合時不易卡住。

⑳ 翻至背面，將上方的轉角處縫份修小後，在近側的側邊袋身剪幾道牙口。

㉑ 先接合表側邊袋身與表C。紙型C上的接合記號要與步驟19側邊袋身接合處對齊好。

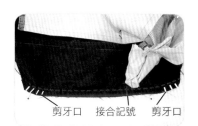

㉒ 車合時，可於②的轉角縫份處剪數個牙口，也於B剪一牙口（圓圖所示處），以順利對齊縫份。

㉓ 繼續依同方法車合另一側邊。

㉔ 車好如圖。

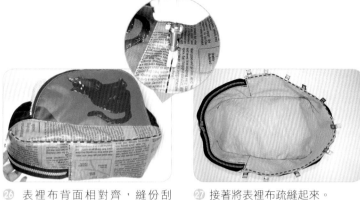

㉕ 繼續將裡布D的左右側邊也依同法車合。

㉖ 表裡布背面相對齊，縫份刮開，沿著側邊的接縫線，落針車縫（需回車）。

Tips 左右兩側邊皆需此車合動作，可使表裡布貼合。

㉗ 接著將表裡布疏縫起來。

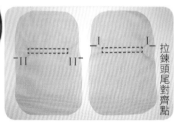

拉鍊頭尾對齊點

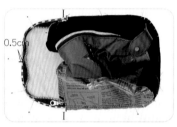

0.5cm

㉘ 如圖在造型拉鍊包右下角釘上皮片一側，順著包型在側邊釘上皮片另一側。

㉙ 參考 ❶【一字拉鍊口袋】去除其中拉鍊車縫步驟，取③在E製作開放式一字口袋。再依紙型E分別標上拉鍊頭尾對齊I與II點。

製作後袋身

㉚ 取標示I的E正面與前袋身裡布相對。將左右側邊的拉鍊頭尾點先對齊，再對齊上、下中點，其餘順順對齊。其中，拉鍊布邊與E上緣相距0.5cm疏縫起來。

3cm

0.5cm
紙型實線

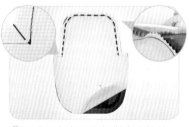

㉛ 用④、⑤及一條10cm織帶與口型環，參考 ⓫【單肩減壓背帶】製作一條單肩背帶，置中且多凸出布邊3cm，車於E上方。前袋身完成。

㉜ 取41cm拉鍊，參考 ⓯【碼裝拉鍊的收尾法B】頭尾處理好後，如圖與F布邊相距0.5cm疏縫起來。拉齒頭尾與紙型實線平行擺放，可使縫份內不會有拉齒。

㉝ 取裡F與之正面相對夾車拉鍊。在轉角處剪一牙口，並於轉角處修剪縫份後翻回正面。

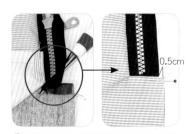

0.5cm

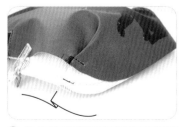

㉞ 將表裡F拉鍊擋布處的縫份都往內摺，中間夾入拉鍊布。如圖所示之處，會有0.5cm的間距。

㉟ 壓線車合。

㊱ 依紙型F單摺記號將表裡底側摺好如圖。

032

㊲ 表裡F背面相對好疏縫起來。

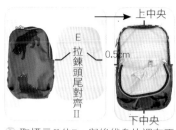

㊳ 取標示II的E，與後袋身的裡布正面相對，左右側邊的拉鍊頭尾點先對齊後，再對齊上下中點，其餘順順對齊。其中，拉鍊布邊與E上緣相距0.5cm疏縫起來。

㊴ 10cm織帶穿過插扣後對摺，車固定。再將其分別車於摺份上方。

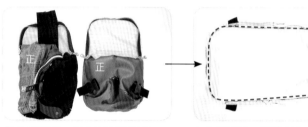

㊵ 取前袋身，與之正面相對齊。

上方留返口，其餘車合。

㊶ 修剪縫份後，從返口處翻至正面。

㊷ 返口處縫份摺入後車合起來。

Tips 由於步驟30有預留3cm背帶在內，所以可在背帶處多車一道加強固定線。

㊸ 80cm織帶一端固定於口型環後，另一端穿過日型環、插扣、再穿回日型環後固定好（會有一側的插扣不會使用到）。

㊹ 25cm長皮條頭尾夾好皮尾夾後，如圖釘於背帶上，包包即完成。

變身情人
雙面斜背包

完成尺寸：長35×寬12×高24 cm

利用皮飾增加好感度的雙正面設計，
加上簡易製作的立體拉鍊口袋，
是能快速完成、輕裝外出的好選擇！
今天想秀哪一面？

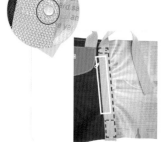

13 取45cm長織帶蓋住拉鍊齒,依圖示紅、藍線車合於側邊。藍色車線位置為拉鍊框左右1cm(有點空間拉頭會比較好拉),黃線為拉鍊框位置示意。紅點處鉚釘加強。

14 換車合袋身另一側縫份。

15 翻至正面,縫份倒向沒拉鍊的那邊再壓線(依此圖看是倒向左側)。

16 再取另一條45cm織帶依步驟13的圖示線車合於側邊。

17 用包繩布③與塑膠繩 參考 ④【皮革出芽及包繩B】在袋底布C包繩一圈(有多餘布繩再剪掉)。

18 再與袋身布正面相對,中點相對齊後車合。

Tips 車至圓弧處可在袋身剪牙口對齊車合。

19 車合後將袋底布放到壓布腳下,縫份全倒向袋底,壓車一圈0.5cm臨邊線以固定縫份。

20 車好如圖。

製作袋口型立體拉鍊口袋

21 將袋口布D的一個拉鍊框置於口袋布④長邊的正中央,彼此正面相對,車合拉鍊框。

22 依>-------<線剪開,接著從洞口拉出④。

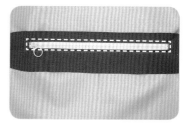

23 將框四周縫份刮平後,在後方置入25cm拉鍊,車合起來。

㉔ 將④正面相對摺，車合三邊。

㉕ 底部往上摺4 cm後車合兩側。

㉖ 底部撐開，呈現立體袋型，完成一個立體拉鍊口袋。

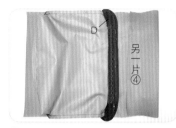

㉗ 繼續取來另一片口袋布④與袋口布D製作另一個立體拉鍊口袋，車法同步驟21～23。

㉘ 不同的是要在袋底留返口。

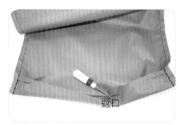

㉙ 一樣再往上摺4cm後車合起來。

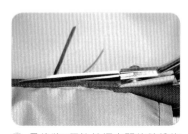

㉚ 最後將2個拉鍊框中間的縫份修小，彼此比較不會互相卡到。

㉛ 完成二個袋口型立體拉鍊口袋。

㉜ 將袋口拉鍊打開，口袋往表布拉出後，與袋身布正面相對，四邊中點對齊後車合一圈。

Tips 車至圓弧處可在袋身剪牙口以利對齊車合。

㉝ 車合後由立體口袋預留之返口翻至正面。

㉞ 如圖平均抓摺袋角。方法：拉鍊中央與側袋身中央先對齊，再平順捏平兩側並用夾子夾好。

㉟ 皮片穿入插扣後釘上。

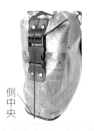

㊱ 利用未車合之返口處，伸手進入表布內側，在相對位置釘上另一側插扣與皮片。袋身另一側也依此法安裝皮片與插口。

側中央

㊲ 利用紙型D往內縮邊0.5cm的大小，剪一片袋底塑膠板，由返口置入袋底。

㊳ 翻出口袋底將縫份摺入，縫合返口。

㊴ 前後袋身的織帶，如圖穿入一側插扣，織帶尾則用摺半的方型皮片包覆住，車合起來。

㊵ 用另一側插扣（2個）與日環、120cm織帶，如圖車一條斜背帶，包包即完成。

異材質拼接，造型新穎獨特，帥氣滿分！

狐狸躲哪去?
雙口金斜背包

造型可愛又不失流行感,
置物可以分前後層管理,
微ㄇ型支架口金可撐大開口易於取物,
找找看還有一隻小狐狸躲哪去了?

完成尺寸:長34×寬14.5×高20cm

斜背帶穿過手提把
即可後背使用喔！

手機可放在中間隔層口袋，
隨時取用好方便！

大方的開口，
很容易找到想要的東西。

裁布表 ★紙型外加縫份1cm，數字尺寸已含縫份

部位名稱	尺寸	數量	燙襯參考或備註
表袋身			
袋蓋表布	依紙型A	2	燙不含縫份厚襯
袋蓋裡布	依紙型A1	2	燙不含縫份厚襯
袋身布	① ↔ 78cm×↕18cm	2	燙厚襯
口袋布	② ↔ 15cm×↕34cm	2	燙薄襯
袋底布	依紙型B	2	
裡袋身			
袋身布	③ ↔ 78cm×↕23cm	2	燙薄襯
口袋布	④ ↔ 21cm×↕34cm	2	燙薄襯
袋底布	依紙型B	2	燙薄襯

其它材料

- 25cm×7cm微ㄇ型支架口金×1組。
- 5V（布寬3cm）之碼裝拉鍊：裁45cm×2條＋拉頭×2。
- 3V（布寬2.5cm）之定吋拉鍊：18cm×2條。
- 造型磁扣×1組、插式磁扣×1組、皮片型磁扣×1組。
- 2cm：D環×2個、25cm長織帶×2條。
- 袋底用：長11cm皮片×2片、腳釘×4組。
- 鉚釘×數組。
- 30cm×15cm塑膠板×1片。
- 手提把用：皮條38cm×1條、皮尾夾×2個、2cm寬之方口環×2個、配合方口環使用之皮片×2片。
- 斜背帶材料：2cm寬皮條×140cm、背帶鉤×2個、日型環×1個、皮尾夾×2個。

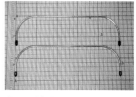

微ㄇ型支架口金

裁布示意圖（單位：cm）

・圖案棉麻布

・條紋棉麻布

・綠帆布

・薄棉布

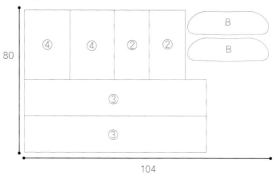

製作表袋身

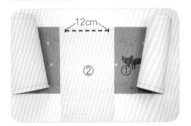

① 將口袋布②置於下袋身布①中央，依圖示車合12cm（需回針車縫）。

② 將兩側未車合的部分往內摺，先用珠針固定備用。

③ 將A1與A的袋蓋位置正面相對，依圖示車合。需回針車縫。圈起處之縫份不要車到。

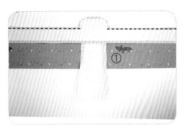

④ 將其與步驟2車好的①正面相對齊，依圖示車合上緣。

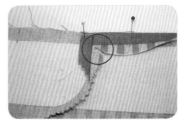

⑤ 於圓弧處剪鋸齒狀，再於A的轉角處剪一刀牙口。

⑥ 將②由洞口拉入。

⑦ 縫份刮平後，如圖壓車一道線（需回針車縫）。

⑧ 袋蓋如圖示位置壓線。

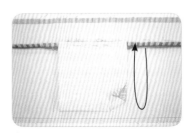

⑨ 翻到背面，②往上對摺與A縫份齊平，用珠針別好。

⑩ 將口袋兩側邊車合。

Tips 翻至另一面將①往旁邊摺，即可露出②的縫份方便車縫。

⑪ 將A往下翻摺後，車合A與口袋②上緣縫份。

⑫ 縫份刮開後翻至正面，於口袋兩側壓線，圈起處可多回車幾次加強固定。完成一組表袋身片。再將另一組表袋身片依步驟1-12車好備用。

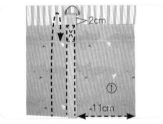

⑬ 長25cm織帶穿入D環後反摺回來,如圖距車縫固定於①的右側。

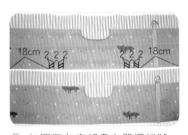

⑭ 如圖距在底部畫上單褶記號。一共完成二片。

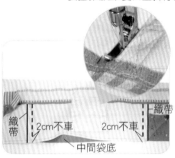

⑮ 將這二片正面相對齊,車合處位於靠內側的織帶旁,且距下緣2cm不用車合(需回車)。如圖利用單邊壓腳,緊靠織帶車合。

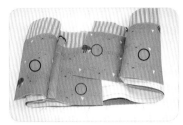

⑯ 車好後如圖擺放,左右兩側藍圈記號是屬於同一片,紅圈記號是屬於同一片。

⑰ 先抓起藍圈那片側面,正面相對齊並車合。

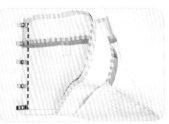

⑱ 接著把另一片紅圈側面翻出來,同樣是正面對齊並車合。

⑲ 將接合處的縫份刮開並壓線。

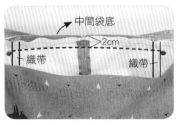

⑳ 抓出中間袋底,在兩條織帶間且平行袋底2cm處車合一道線。

㉑ 翻至正面如圖。

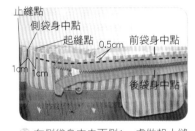

㉒ 在側袋身中央兩側1cm處做起止縫記號。將45cm拉鍊頭端拉齒拔掉1.5cm後往上摺起,與袋身正面相對,距布邊0.5cm於側身起縫點開始疏縫。縫至前袋身中點時,在拉鍊布相對側,畫上後袋身中點記號。

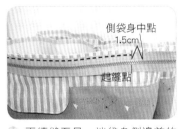

㉓ 再續縫至另一端袋身側邊前的1.5cm處止縫斷線一次,並在此處拉鍊布相對側,畫上起縫點記號。

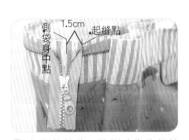

㉔ 打開拉鍊後,將剛才畫的起縫點記號,對齊袋身側邊後1.5cm處,於此再次開始疏縫。

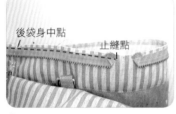

㉕ 後袋身中點處與拉鍊布上的後袋身中點記號相對齊。一直疏縫至步驟22畫的止縫點，拉鍊布尾也是往上摺起，車縫固定。

㉖ 二片袋身皆縫好拉鍊完成圖，請注意拉頭的方向可自行決定喔！

㉗ 依步驟14之單褶記號疏縫好褶份。

㉘ 於中間隔層口袋中央安裝插式磁扣。

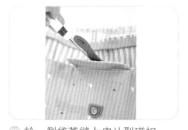

㉙ 於一側袋蓋縫上皮片型磁扣。

Tips 趁此步驟縫合皮片與表袋蓋就不會在背面看到手縫線。

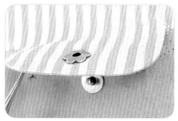

㉚ 另一側袋蓋則安裝造型磁扣。

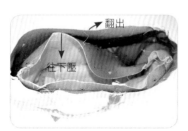

㉛ 組合袋身與袋底。翻出一袋身的袋底，另一袋身則先往下壓。

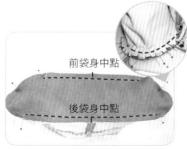

㉜ 取袋底B與之正面相對，對齊前後袋身位置，依圖示車合起來。接著將兩側圓弧處剪牙口，平順對齊B，用單邊壓布腳車合。

Tips 分段車比較好車！

㉝ 換翻出另一袋身袋底，剛才車好的袋身則往下壓。

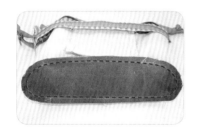

㉞ 依相同方法與另一片袋底B車合。

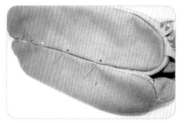

㉟ 翻回正面，兩片袋底本來會有點開開的，先利用珠針（也可疏縫）讓其緊靠一起。袋底完成後再拆掉珠針或疏縫線。

㊱ 剪二片袋底塑膠板，比紙型B小約縮邊0.5cm。先夾於底部並放上皮片，在板上畫出皮片上四個洞的位置，取下塑膠板，打好四個洞，再將洞的位置畫於底布相應位置上，用尖椎目打刺穿洞。

㊲ 取腳釘穿過皮片再穿過底布,再穿過塑膠板後固定起來。

㊳ 在兩側圓弧處縫份上大針疏縫後縮線(縮縫)包住塑膠板,接著再隨意手縫,讓塑膠板不滑出即可。

製作裡袋身

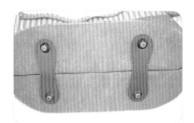

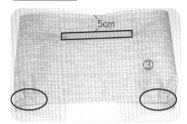

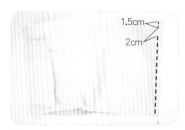

㊴ 相同方法完成另一側袋底,表袋身即完成。

㊵ 如圖距取口袋布④於裡袋身③中央做一字拉鍊口袋,參考步驟14之單褶記號疏縫好褶份。

Tips 袋底打褶可與表袋身打褶方向相反,凸出方向就會一致。

㊶ 側邊正面相對車合,於上方先車1.5cm後即止縫(需回車),跨過2cm距離再繼續完成車合。

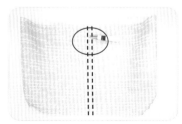

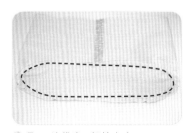

㊷ 翻正後縫份打開於兩側壓線,此時會看到之前預留不車的小洞,此為口金穿入孔。

㊸ 取一片袋底B與其車合。

㊹ 車合後的縫份全倒向B,臨邊壓車0.5cm可使底部更平整。一共完成二個裡袋身。

組合表裡袋身

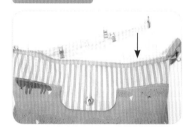

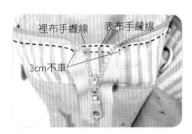

㊺ 先將表、裡袋之縫份摺入,再將裡袋置入表袋,彼此背面相對車合。

㊻ 車合時拉鍊頭處的側袋身要留3cm不車合,不車合處會留一個洞口,洞口的表裡縫份要先分開手縫,以固定縫份。

㊼ 先將拉鍊尾平整塞入洞中,如筆指示處畫上記號後再拉出拉鍊,將記號下1cm後的拉鍊牙齒拔去,再 參考16【碼裝拉鍊的收尾B】處理拉鍊。

48 再一次平順塞入拉鍊頭後，先用珠針固定，於距袋口2cm處平行車縫一圈（紅虛線），再以單邊壓布腳車合固定拉鍊尾布（紅實線）。

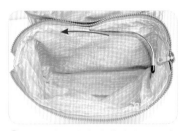

49 取一支口金由後袋身穿入孔穿入至前袋身。

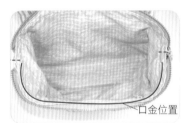

50 調整好口金位置後，如圖示紅線處手縫二條固定線，讓口金不會跑位即可。

安裝提把與斜背帶

51 另一支口金也依相同方法安裝於另一前袋身，袋身即完成。

Tips 只使用一組支架口金的設計可減輕包身重量。

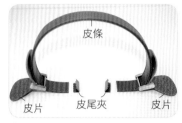

52 皮條如圖穿過方口環後用皮尾夾夾好，皮片也一起穿過方口環。

53 皮條反摺用鉚釘固定，皮片也對摺好，完成手提把。

54 將手提把用鉚釘固定於中間隔層口袋上方，如圖示鉚釘會穿過二片後袋身。

我躲在這裡唷！
你猜對了嗎？

55 參考 7【可調式皮條斜背帶】與斜背帶材料製作一條斜背帶勾上即完成。

適中的袋身很適合二、三天的小旅行，
大大小小的隔層收納物品有條不紊，
快點約我去旅行吧！

完成尺寸：長42×寬25×高25cm

斜開式的拉鍊加寬了袋口，取物輕鬆不煩惱；
打開口金包，擺放物品一目瞭然，是收納貼心小物的好地方；
半開放式的置物隔層內，還有隱藏的小拉鍊袋。
種種貼心設計，讓你舒心出遊去！

裁布表 ★紙型外加縫份1cm，數字尺寸已含縫份　★帆布免燙襯

部位名稱		尺寸	數量	燙襯參考或備註
側袋身				
側身布	表：依紙型A		1	
	裡：依紙型A		1	薄襯
口金包	表：依紙型B		2	紙型雖不對稱，但正反裁皆可。建議皆
	裡：依紙型B		2	正裁或皆反裁，可讓縫份錯開
圓形圖案布	依紙型B1（直徑10cm的圓型）		2	厚襯
前後袋身				
前後身布	表：依紙型C		2	正裁2片
	裡：依紙型C		2	薄襯，反裁2片
口袋布	① ↔ 16cm×↕40cm		2	薄襯
	② ↔ 25cm ×↕40cm		2	薄襯
拉鍊擋布	③ ↔ 5cm×↕3.5cm		表2	
			裡2	薄襯
摺蓋袋	表：依紙型D		2	燙不含縫份厚襯
	裡：依紙型D上		2	
	裡：依紙型D下		2	薄襯
滾邊斜布條	④ 5.5cm×180cm		1	無裁布圖示

 其它材料

- 15cm×6cm冂型支架口金×2組。
- 3cm寬織帶：88cm×1條。
- 3V(布寬2.5cm)定吋拉鍊：12cm×2條、20cm×1條。
- 5V(布寬3cm)碼裝拉鍊：雙拉頭32cm×1條、單拉頭30cm×2條。
- ▲斜背帶材料：3cm日型環×1個、背帶鉤×2個、織帶130cm×1條。

- 3cm：D環×2個。
- 磁扣×2組。
- 皮質手提把×1組。
- 鉚釘×數組。

冂型支架口金

 裁布示意圖（單位：cm）

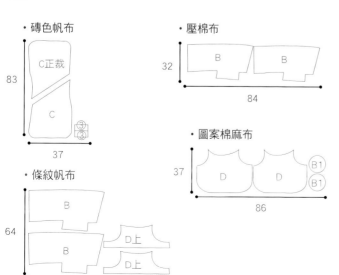

・磚色帆布

C正裁
83
C
37

・條紋帆布
64
B
B
D上
D上
95

・壓棉布
32
B
B
84

・圖案棉麻布
37
D
D
B1
B1
86

・黑帆布
20
A
84

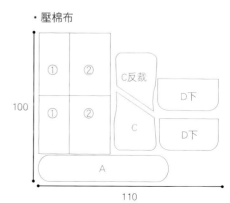

・壓棉布
100
①　②　C反裁
①　②　D下
C　D下
A
110

製作側袋身與支架口金包

① 如圖將88cm織帶頭尾套入D環後，往內摺入約5cm，橫置於表A中間，車縫固定。

② 取一片比B1大的餘布，置於表B之B1位置，正面相對車合圓框。

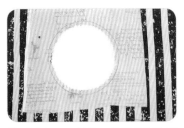

③ 留下0.5cm縫份，使用鋸齒剪刀剪去框中多餘的布塊。

④ 將周圍的布翻入框中，縫份刮整好並畫好四邊之中點。。

⑤ B1圖案布也畫好四邊之中點。

⑥ 置於翻整好的圓框下，彼此四邊中點對齊，沿著圓框車縫固定。

⑦ 翻至背面剪去多餘的布。

⑧ 在背面畫上紙型B的ㄩ型線條。

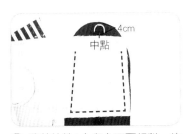

⑨ 將其放於A上與之正面相對，彼此布邊相距4cm，紙型 B上標示的中點，對齊織帶中點，車縫ㄩ型線條固定（兩頂點需回車）。

⑩ 將前袋身之兩側底角點對點車縫好，勿車到縫份。

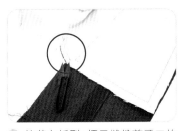

⑪ 接著在紙型B標示縫份剪牙口的地方，於縫份處剪一刀牙口（只有剪靠ㄩ型線條那側的一層布，勿剪到雙層）。

⑫ 再將前、後袋身之底縫份正面相對，點對點車合。

⑬ 接著車合B的側邊縫份後,翻至正面。

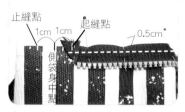

⑭ 在側袋身兩側1cm處做起／止縫點記號。取45cm拉鍊頭端拔掉1.5cm拉齒後往上摺起。拉鍊布與袋身正面相對,與上緣相距0.5cm後,於側身起縫點開始疏縫(需回車)。

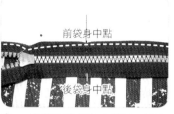

⑮ 一直縫至前袋身中點時,要在拉鍊布之兩側做中點記號。

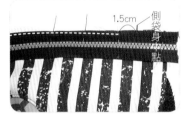

⑯ 再續縫至另一端袋身側邊前的1.5cm處止縫斷線一次(需回車),並在此處拉鍊布相對側,畫上起縫點記號。

⑰ 打開拉鍊後,將剛才畫的起縫點記號,對齊袋身側邊後1.5cm處,於此再次開始疏縫(需回車)。

⑱ 後袋身中點的位置對齊好,繼續進行疏縫。

⑲ 一直疏縫至步驟14畫的止縫點,拉鍊布尾也是往上摺起,車縫固定。

⑳ 接著製作內袋身。將裡B袋身兩側底角點對點車縫好。勿車到縫份。

㉑ 同前步驟11完成袋底後再車合側邊。在車合側邊時上方先車合1.5cm後即止縫(需回車),跨過2cm後再繼續車合。

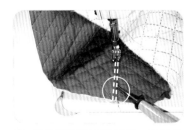

㉒ 縫份打開於兩側壓線。此時會看到剛才預留不車的小洞,此為口金穿入孔。 **Tips** 舖棉布厚度會影響到整體袋身的平整度,需在車合後,把縫份修小。

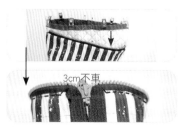

㉓ 將表裡袋B之袋口縫份摺入後,兩者背對背套合,袋身位置對好後車合袋口。車合時,拉鍊頭那邊的側袋身要留3cm不車合,並會留有一洞口。

㉔ 手縫洞口一圈以固定縫份(表裡要分開縫合)。

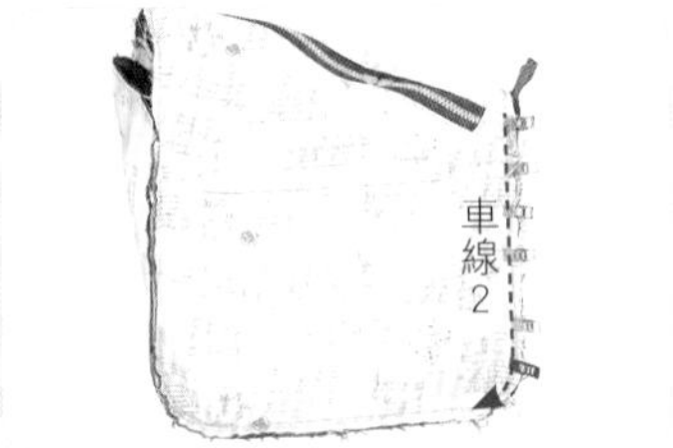

(49) 接著夾好右側布邊，如車線2由右上側邊往下向中點方向車合，並與車線1的縫線接合起來。

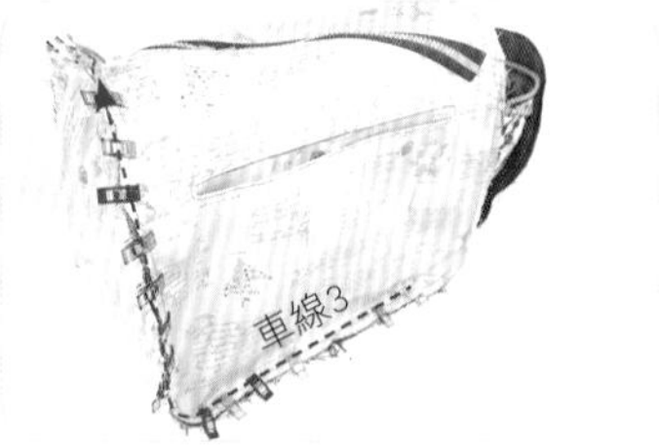

(50) 翻至另一面，底部中點對齊後，如圖車線3由右下側出發，車合至車線2的開頭並回針接合。

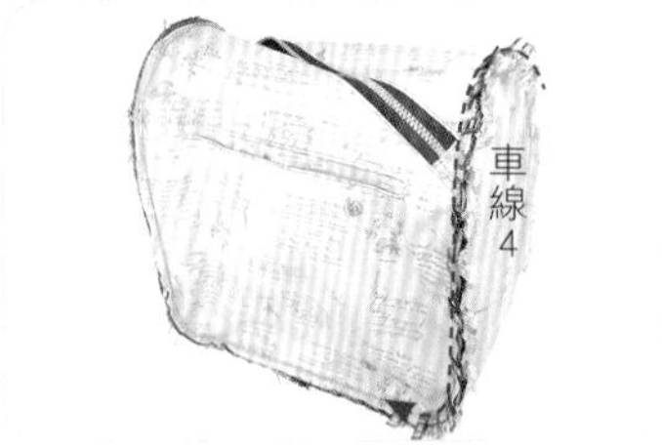

(51) 車線4則是由車線1的尾端開始，車合至車線3的開頭做接合。

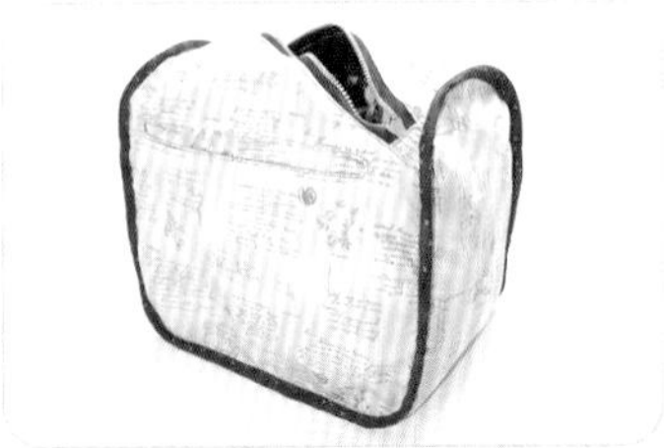

(52) 最後 參考 6【縫分包邊A】包邊一圈即完成袋身組合，再翻回正面即可。

安裝五金、提把與斜背帶

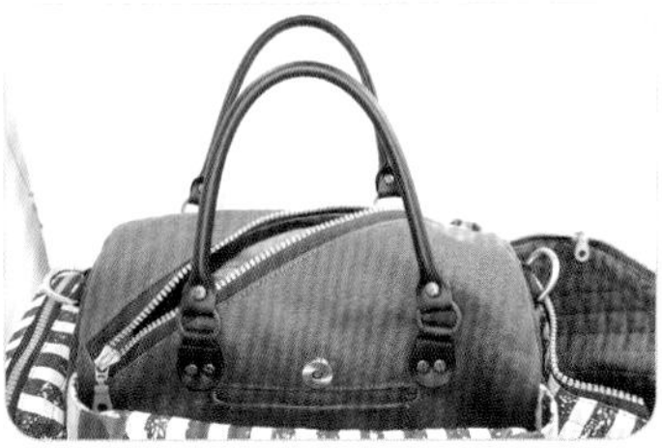

(53) 將手提把釘於拉鍊兩側上方位置。

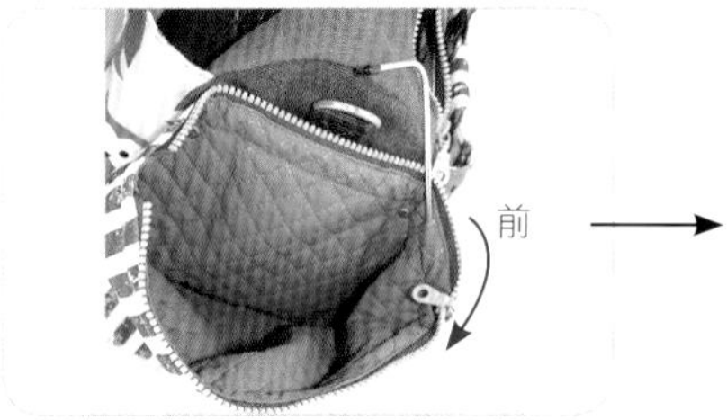

(54) 由裡袋身的穿入孔置入口金，由於孔的位置不是在正側方，所以順序是先置入前袋身的口金。

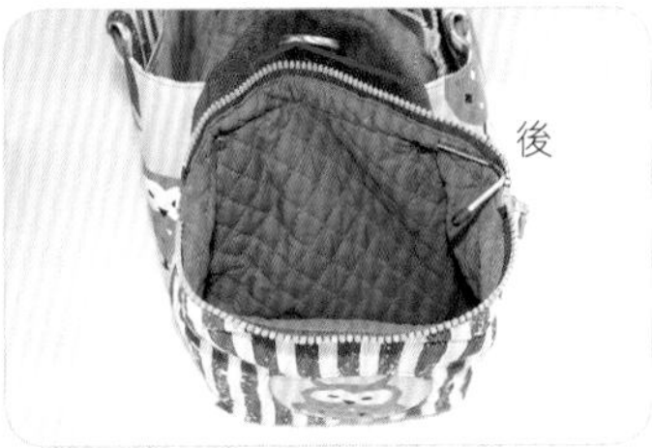

再置入後袋身的口金。

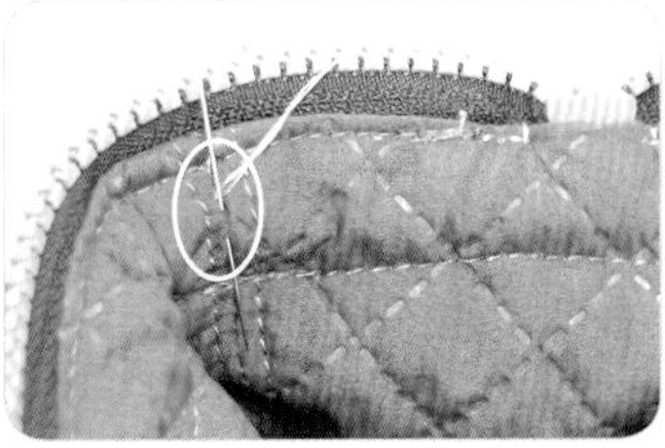

(55) 縫合穿入孔。

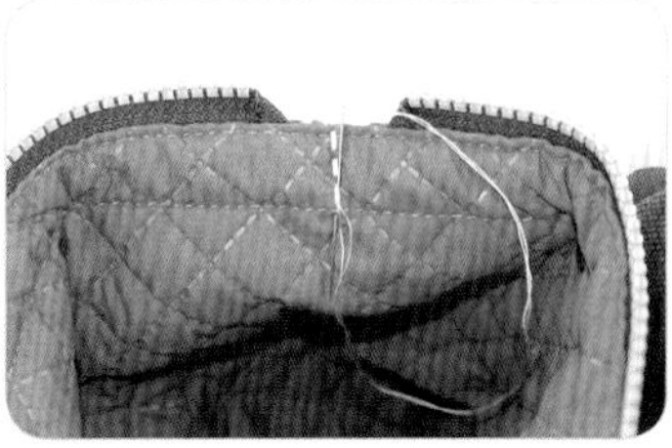

(56) 再於兩側邊中央手縫一道口金分隔線，避免口金走位。

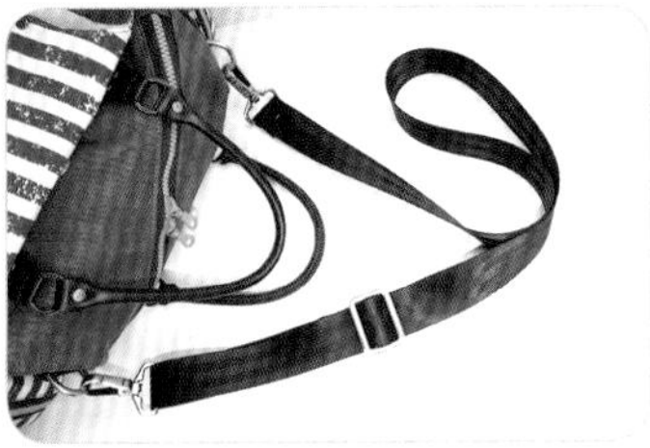

(57) 製作一條斜背帶即完成。

熊出沒
三用後背包

與熊一樣大肚能裝，卻不像熊一樣胖！
這是可以修飾身型的包包，拉鍊口袋多又各具巧思，
加上多種背法，是輕鬆出遊的好伙伴。

完成尺寸：長30×寬20×高30cm

裁布表 ★紙型外加縫份1cm，數字尺寸已含縫份　★此包皆用防水布及帆布，無燙襯

部位名稱	尺寸	數量	備註
表袋身			
大肚袋身	依紙型A1	1	◆註1
前口袋裡布	依紙型B	1	
前口袋表布	依紙型A2	1	◆註1
袋蓋	依紙型C	表1	正裁，縫份只需0.5cm
		裡1	反裁，縫份只需0.5cm，且上緣不用縫份
造型口袋	依紙型D	表1	縫份只需0.5cm
		裡1	縫份只需0.5cm，且下緣不用縫份
側後袋身口袋布	① ↔ 34cm×↕40cm	1	
袋底布	依紙型E	1	
袋底包繩布	②斜布條寬3～3.5cm皆可，準備90cm長	1	車完有多餘部分再剪去即可 無裁布圖示
袋身口布	③ ↔ 42cm×↕14cm	2	
裡袋身			
大肚袋身	依紙型A（即A1+A2）	1	將紙型A1＋A2依序排好，一起畫出外廓再另加縫份
口袋布	④ ↔ 55cm×↕40cm	1	
袋身口布	⑤ ↔ 82cm×↕14cm	1	
袋底布	依紙型E	1	

◆註1：由於紙型A分為兩部分印製，繪製時請將中間接合如圖。

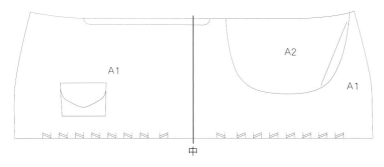

 其它材料

- 5V（布寬3cm）之碼裝拉鍊：34cm×1條、38cm×1條。拉頭×4個。
- 3cm：背帶鉤×2個、日型環×2個、口型環×2個、三角環（或D環）×3個。
- 3cm寬織帶：15cm×2條、40cm×1條、105cm×1條、120cm×1條。
- 直徑0.3cm塑膠條：90 cm×1條。
- 皮片型磁扣×2組。小皮標×1個。
- 四合扣×1組。鉚釘×數組。
- 長10.5cm×寬4cm皮片：2片。

裁布示意圖（單位：cm）

・黑色帆布

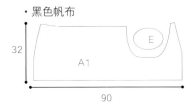

・條紋防水布

・藍綠色帆布

・銀色尼龍防水布

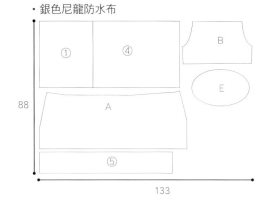

・圖案防水布

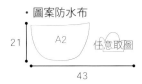

How to make

製作有袋蓋口袋

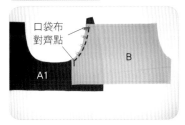

① 大肚袋身A1與前口袋裡布B正面相對，找出紙型A1與B的口袋布對齊點，點對點車合起來。

② 摺入縫份，用珠針暫時固定。

③ A2位置示意。

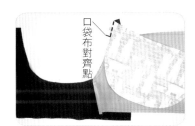

④ 將A2如圖與A1正面相對，由上緣合車至口袋布對齊點（需回車），要注意不要車到B。

⑤ 再翻至背面，繼續與A1車合，由另一側上緣車合至另一個口袋對齊點（需回車），也注意不要車到B。

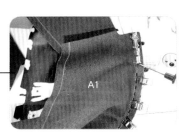

⑥ 可如圖讓A1在上面車縫會比較順利。

③ 參考 ④【皮革出芽及包繩B】用袋底包繩布②、塑膠條，於袋底E包繩一圈。

③ 將袋底E與袋身底部正面相對，四周中點相對齊，車合起來。車的時候袋身置於上方，適當剪一些牙口以利對齊車合。

③ 翻至正面後可於織帶縫份處多車合一道加強固定線。

Tips 也可參考步驟55將袋底壓線一圈。

③ 二片袋身口布③正面相對兩側車合。縫份刮開，於兩側壓線。

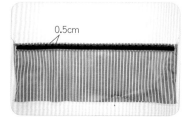

③ 38cm拉鍊打開，與口布上緣相距0.5cm分別置中疏縫於前、後的袋身口布上緣。

③ 側袋身如圖會有2cm距離。

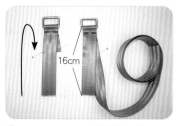

③ 40cm、105cm長織帶，拉16cm穿過口環後車合固定。

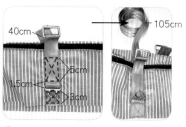

③ 再如圖距穿過一個三角環後，將其分別固定於③的左右側邊。

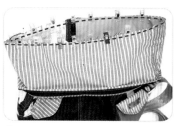

③ 袋身口布（沒拉鍊的那一側）與袋身A正面相對，四周中點對齊，車合起來。

製作裡袋身

④ 翻至正面後縫份倒向上，壓線車合。

④ 側邊的織帶處找空位釘上鉚釘加強固定，表袋身完成。

④ 大肚袋身裡布A與口袋布④正面相對，中點相對齊，除兩側縫份外皆車合。

43 再將兩側縫份往內摺好,用珠針固定。

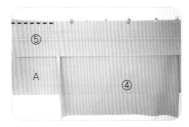

44 再與袋身口布⑤正面相對,避開口袋布④,車合兩側縫份。(圖示為左側車線示範)

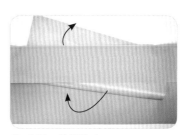

45 由洞口將④拉出。

46 刮平縫份後,於袋口車壓一道臨邊線,線長不要超過袋口,需回車。

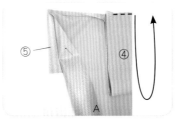

47 再翻回背面,將④向上摺,與⑤的縫份平齊,上緣可暫用珠針固定或疏縫。

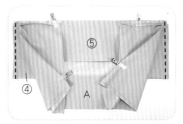

48 再翻回正面將A與⑤往中間壓露出④的縫份後,車合④兩側。

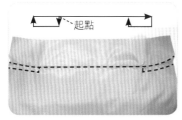

49 刮平縫份,從袋口左側開始車縫(需回車),壓車左側下緣縫份後,再壓車上緣縫份,一路車至右側將下緣縫份也壓車後,在袋口右側止車(需回車)。

50 將口袋依置物用途,自行車分隔線,此處分為1大2小。線端要三角回車。再於線端上方釘鉚釘加強固定。

51 較大的袋口建議可以釘上四合扣。

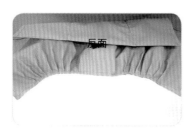

52 接著將袋底打摺。

Tips 內袋是在反面畫紙型A1單摺記號,如此才會與外袋打摺方向一致。

53 將左右兩側正面相對車合起來,縫份刮開後於兩側壓線。

54 袋底E與袋身底部正面相對,四周中點相對齊,車合起來。

組合表裡袋身

⑤ 將E放入壓布腳下，並將縫份倒向E，臨邊線車壓0.5cm。

Tips 袋底有車這道固定線，縫份就會很平順。

⑤ 將表袋身放入裡袋身，正面相對，四周中點相對。此袋有分前後，有大肚的（也就是袋身接合處）是前袋身，位置不要放錯。

⑤ 於後袋身預留返口，其餘車合起來。

⑤ 由返口翻回正面，返口縫份往內摺好後，袋口壓線一圈。

⑤ 此時可將二個拉頭置入拉齒內了。

Tips 拉頭方向是相反的。

⑥ 40cm長織帶的這側如圖平均抓摺袋角，方法：拉鍊中央與側袋身中央先對齊，再平順捏平兩側，並用夾子夾好。

⑥ 依序放上皮片與織帶尾後，將皮片摺半，並用鉚釘固定。

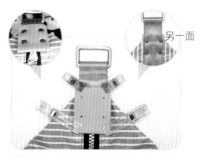

⑥ 釘合皮片與袋角即可，此皮片可以擋住拉頭使其不滑出。

⑥ 另一側（105cm長織帶那側）也平均抓摺袋角並夾好，放上皮片後，織帶如圖摺入至皮片的一半（放至鉚釘皆可釘到的地方）。

⑥ 皮片摺半並釘合起來。

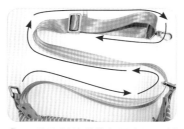

⑥ 再將這側的織帶如圖穿過另側的口環後，再穿入日環與背帶鉤，再往回穿入日環後固定。

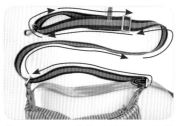

⑥ 取120cm長織帶（此圖用紅色織帶示範），一端先固定於右邊口環，再穿入左邊口環，再穿入日環與背帶鉤，再往回穿入日環後固定。

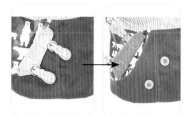

㊲ 如圖鉤在袋身下的三角環內，
即可做後背或肩背的功用，且皆可
調整長度。

㊳ 於袋蓋及袋身上手縫二組皮片
型磁扣。

㊴ 最後將袋身口布用手捏摺成型
即完成囉！

背帶鉤勾住上方三角環，
使其加長背帶後，即可斜背使用！

車法特殊又別致的造型口袋，容量
也不容小覷。

側後袋身有三個口袋卻共用一條拉
鍊，別出心裁的設計一定要試試！

甜蜜時光
媽寶甜心包

三大拉鍊袋層層分類，
是呵護寶貝不可或缺的好幫手。
爸媽不再手忙腳亂，盡享甜蜜時光。

完成尺寸：長43×寬16×高30cm

製作一條兩用背帶。
背帶繞過提把，馬上變身後背包！

參考 1.3 【後背及斜背兩用背帶】作法

側身拉鍊口袋可充當面紙盒，抽取好方便。

隱密性高的三大拉鍊袋，
袋裡還有好多個收納口袋，
媽媽寶寶都喜愛。

裁布表 ★紙型外加縫份1cm，數字尺寸已含縫份　★此包皆用防水布，無燙襯

部位名稱	尺寸	數量	燙襯參考或備註
表袋身			
前後袋身	依紙型A	2	
側袋身	依紙型B	1	
側立體口袋布	① ↔ 30cm × ↕ 35cm	2	
袋底包繩布	② 斜布條寬3～3.5 cm皆可，準備190 cm長	1	車完有多餘部份再剪去即可 無裁布圖示
中層裡袋身			
下袋身	依紙型C下	4	
口袋布	③ ↔ 36cm × ↕ 50cm	2	
拉鍊口布	④ ↔ 38cm × ↕ 6cm	表2 / 裡2	帆布
上貼邊	依紙型C上	4	帆布、圖案布各2
外層裡袋身			
上貼邊	依紙型D上	2	帆布
下袋身	依紙型D下	2	
側貼邊	依紙型E	4	正裁、反裁各2片
袋底布	依紙型B	1	

 其它材料

- 5V（布寬3cm）之碼裝拉鍊：24cm×2條、50 cm×1條、39 cm×2條。
- 拉頭×5個。
- 可調式肩背提把×1組。
- 2 cm：D環×2個、配合D環之皮片×2片。
- 直徑0.3 cm塑膠條：準備190 cm。
- 2.5 cm寬鬆緊帶：20 cm×2條。
- 36cm×14cm塑膠板×1片。
- 鉚釘×數組。

 裁布示意圖（單位：cm）

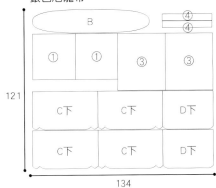

・銀色尼龍布

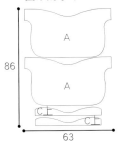

・圖案防水布

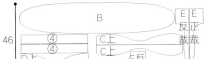

・藍帆布

 How to make

製作表袋身

① 依紙型A上下的點對點打摺記號將2片袋身A打摺好疏縫起來。

② 2片A正面相對，兩側車合。

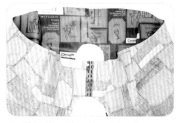

③ 縫份刮開後，於兩側壓線。

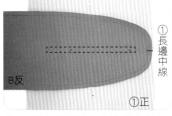

④ 口袋布①長邊的中線對齊袋底B拉鍊框中間後，正面對正面車合拉鍊框。

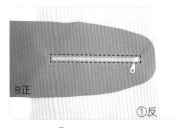

⑤ **參考 15**【碼裝拉鍊的收尾B】與 ① 【一字拉鍊口袋】，將24cm拉鍊頭尾處理好後，車於拉鍊框後。

⑥ 再翻回正面，將①上下緣正面相對齊車合。再將車好後的車合線對齊拉鍊框中央放好。

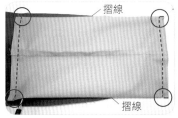

⑦ 壓平口袋，使上下摺線被壓出摺痕。4個圈圈則為下步驟打底角處。

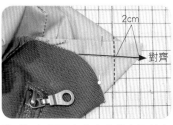

⑧ 將4個圈圈處的車合線與摺線各自對齊如圖，即可形成底角，再依圖距車合。

⑨ 剪去多餘的底角布。

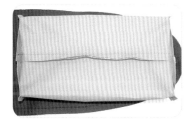

⑩ 完成立體拉鍊口袋。

⑪ 另一側袋身也依相同方式完成另一個立體拉鍊口袋。

⑫ 請 **參考 4**【皮革出芽及包繩B】將包繩布②與塑膠繩車於袋底一圈。

⑬ 組合表袋身。將AB正面相對，袋底中點對齊，再對齊兩側之合印記號1後，先車合兩個記號1之間這段。

⑭ 車縫時袋底B在上，轉角處的牙口剪在袋底布B，運用單邊壓布腳平順車合。

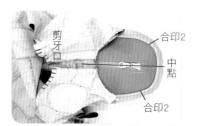

⑮ 剩下未接合的部份，先在袋身布A剪牙口。

⑯ 彼此中點對齊後，再找出合印記號2也對齊好，車合起來，車的時候是袋身A在上。

Tips 把握車縫原則，有剪牙口者在上位。

⑰ 車好完成如圖。

製作中層裡袋身

⑱ 將袋底B置於壓布腳下，縫份全倒向B，臨邊線0.5cm 車合一圈。

⑲ 車好完成如圖。

Tips 有車此線可讓袋身更挺立。

⑳ 口袋布③與C下正面相對，中點相對並畫出紙型C下的口袋框於口袋布背面，依框線車合起來。

㉑ 修剪縫份後翻至正面壓線。

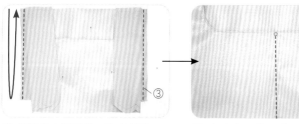

㉒ 將③往上對摺後，車合兩側。

㉓ 中央車一道口袋分隔線，再於線端釘一個鉚釘加強固定。再取另一組③與C下同樣車合。一共要完成二片有口袋之C下袋身。

㉔ 取④及50cm拉鍊 參考 ❸【拉鍊口布A】做出拉鍊口布，將拉鍊口布裡布與C的正面相對，中點對齊後疏縫起來。

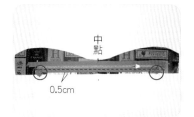

取帆布貼邊C上，與C下正面相對車合起來。

翻至正面後縫份倒向下壓線固定。

取圖案貼邊C上與39cm拉鍊正面相對，中點相對，布邊相距0.5cm疏縫起來。拉鍊頭尾布要往內摺入，拉鍊齒處理請 參考 **16**【 暗裝拉鍊的收尾B 】

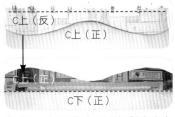

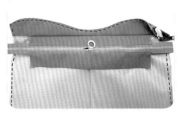

取一片C下與之正面相對車合上緣。翻至正面，縫份倒向下後壓線固定，完成一片無口袋的C袋身。

再與步驟26完成的袋身正面相對，上緣車合。

修剪縫份後翻至正面壓線，再順便將C袋身其它二邊疏縫起來。

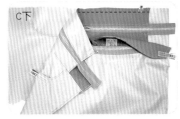

取一片有口袋之C下袋身，將其正面與另一邊拉鍊口布的裡布正面相對，中央對齊後疏縫起來。

取帆布貼邊C上，與C下正面相對車合起來。

翻至正面後縫份倒向下，壓線固定。

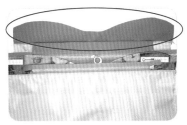

先將貼邊上緣縫份露出來，等一下要做接合。

找出剩下的圖案貼邊C上、C下、39cm拉鍊，參照步驟27再完成一片無口袋的C袋身。

與步驟34的貼邊上緣縫份正面相對車合起來。

製作外層裡袋身

③⑦ 修剪縫份後翻至正面壓線，再順便將其餘三邊疏縫起來，中層裡袋身完成。

③⑧ 取D上與D下，預備與袋身C的一側拉鍊接合。

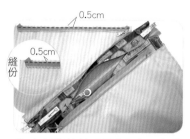

③⑨ 如圖將拉鍊頭尾往內摺，拉鍊背面與D下正面相對，中點相對後，布邊相距0.5cm疏縫起來。

Tips 縫份內不能有拉齒。

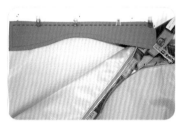

④⓪ 再與D上正面相對車合。

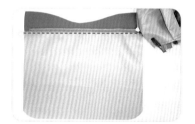

④① 翻至正面後縫份倒向下，壓線固定完成袋身D。

④② 袋身D與C正面相對兩側車合。

④③ 注意車合步驟43時，接縫處要對齊。（袋身D的貼邊會比較高）。

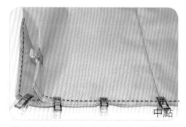

④④ 翻出袋身C的袋底，先與袋身D袋底中點對齊後，左右側會有多出的布如圖夾起摺份。

④⑤ 再將摺份分別往左右倒，疏縫起來。

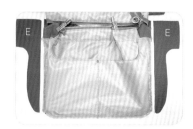

④⑥ 取E左右各一片，預備與袋身C、D做接合。

④⑦ 將E與袋身C、D正面相對車合起來。建議使用單邊壓布腳做車合。

④⑧ 翻至正面後縫份倒向E，壓線固定，完成一側外層裡袋身。

⑩ 取剩下的D上與D下與E，依步驟38～48，完成另一側的外層裡袋身。

Tips 在進行車縫時可以先將中間袋身拉鍊拉開，少了一些袋身會進行得比較容易。

組合裡袋身

外層裡袋身　中層裡袋身
外層裡袋身

⑪ 中層裡袋身與外層裡袋身車好如圖。

㉑ 將E正面相對車合起來。

㉒ 縫份刮開後於兩側壓線。

10cm

㉓ 如圖距將鬆緊帶車於袋底裡B上。

組合表裡袋身

㉔ 依照步驟13～17車合袋身與袋底，裡袋身完成。

㉕ 將表袋身置入裡袋身內，四邊中點對齊好。

塑膠板

㉖ 在側邊預留一個大返口，其餘車合起來。修剪縫份後翻至正面，由返口塞入塑膠板於袋底，之後將返口處的縫份摺好，袋口壓線一圈。

12cm　12cm

㉗ 如圖距，用2顆鉚釘固定表袋與外層裡袋身，除可固定袋身不跑位之外，還可做為摺份的裝飾。

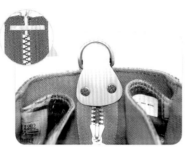

㉘ 口袋拉鍊兩端拔去約2cm拉鍊齒，於背部貼上雙面膠。將兩端各貼於側袋身中央後，先手縫固定一下，再用穿好D型環的皮片釘好。

㉙ 順著摺份於袋口貼邊釘上提把，包包完成。

小聰明親子伸縮後背包

男女老少背起來皆好看的後背包，同一個版子可變化出大人版與小人版，釋放你的小聰明，包身變大變小隨心所欲喔！

大人版完成尺寸：長28×寬18×高45c

小人版完成尺寸：長28×寬18×高35c

大容量的後背包，層層分類，絕對是上山下海的
好幫手。拉開底部拉鍊，還可加大空間，
聰明的設計，再多東西也一包搞定。

輔助扣具的設計，
背帶減壓更輕鬆！

裁布表 ★紙型外加縫份1cm；數字尺寸已含縫份。帆布免燙襯。

部位名稱	尺寸	數量	燙襯參考或備註
立體口袋造型上蓋			
側片	依紙型A	表：正1反1	厚襯
		裡：正1反1	
上口袋布	① ↔ 20cm X ↕22.5cm	1	選用不分正反面之布料，例如：帆布、雙面尼龍布。
下口袋布	② ↔ 20cm X ↕20.5cm	1	
拉鍊口布	③ ↔ 55cm X ↕7cm	1	
拉鍊擋布	④ ↔ 22cm X ↕5cm	表1	
		裡1	
袋底片	依紙型B	1	選用不分正反面之布料，例如：帆布、雙面尼龍布。
包邊斜布條	⑤約 ↔ 80cm X ↕5cm	1	無裁布圖示
手提把布	⑥ ↔ 22cm X ↕7cm	1	配合3cm織帶使用的寬度
表前袋身			
上口袋布	依紙型C	1	厚襯
上口袋裡布	依紙型C1	1	
下口袋布	⑦ ↔ 27cm X ↕23cm	表1	厚襯
		裡1	
前身片/口袋底布	依紙型D	1	
表側袋身			
側身片	依紙型E	正1反1	
口袋布	⑧ ↔ 65cm X ↕25cm	2	
表後袋身			
後身片	依紙型F	1	
口袋布	⑨ ↔ 40cm X ↕32cm	1	
裡袋身			
裡袋身	依紙型F+E+D+E	1	◆註1
口袋布	⑩ ↔ 19cm X ↕40cm	2	
拉鍊夾層袋身：製作有拉鍊夾層的大人版			
拉鍊夾層布	⑪ ↔ 85cm X ↕12cm	1	附註：製作無拉鍊夾層的小人版，⑪⑫⑬皆不需裁，在中段袋身完成時，直接接合袋底即可。
下袋身布	⑫ ↔ 85cm X ↕12cm	1	
裡袋身布	⑬ ↔ 85cm X ↕22cm	1	
袋底			
袋底布	依紙型G	表1	
		裡1	
包邊斜布條	⑭約 ↔ 90cm X ↕5cm	1	無裁布圖示
減壓後背帶：紙型有分為大人版與小人版			
表布（帆布）	本書通用紙型1-1（已含縫份）	2	無燙襯
背布（壓棉布）	本書通用紙型1-2（已含縫份）	2	無裁布圖示
內墊（EVA軟墊）	本書通用紙型1-3（無需縫份）	2	無裁布圖示

◆註1：將紙型F+E+D+E依序排好，一起畫出外廓，再另加縫份。其中要注意E的擺放方向（一正一反），可參考「裁布示意圖」的FEDE擺法。

其它材料

- 定吋拉鍊：15cm×2條、20cm×3條。（此處無指定拉鍊布寬，請自由選用。）
- 5V（布寬3cm）碼裝拉鍊：約200cm先不裁開。
- 3cm寬織帶：35cm×1條（手提把用）。
- 鉚釘×數組。
▲後背帶材料：
- 2cm寬織帶：60cm×2條、50cm×3條、12cm×1條。
- 2cm塑鋼扣具：單耳日型環×2個、插釦×1個、樓梯環×2個、束帶圈×3個。

✂ 裁布示意圖（單位：cm）

- 鯨魚棉麻布

- 波浪帆布

- 灰黑帆布
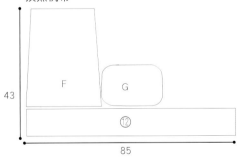

- 尼龍防水裡布
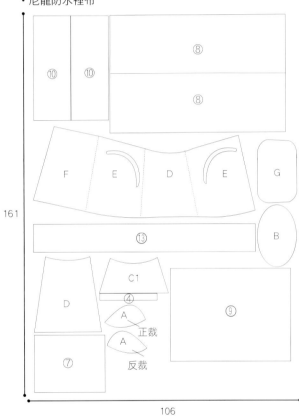

- 深藍帆布
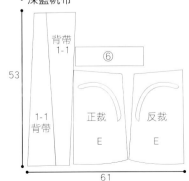

- 淡藍帆布
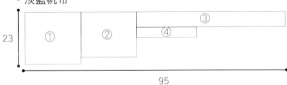

製作立體上蓋

① 在①反面畫上二條平行記號線。

② 將上緣往下摺對齊記號線1，取20cm長5V碼裝拉鍊，拔掉縫份內頭尾拉齒後，對齊摺好的上緣車縫固定。。

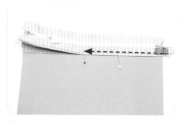

③ 再一次將上緣往下摺與記號線2對齊，車合固定

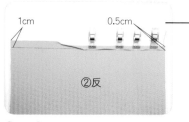

④ 將②翻至反面，縫份往下摺0.5cm先不車，用骨筆刮平，暫用夾子固定。

再翻至正面，與拉鍊齒距離約0.1~0.2cm對齊好，車合。

Tips 對齊的原則，是盡可能接近拉鍊齒，但不要影響到拉合的順暢度。

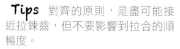

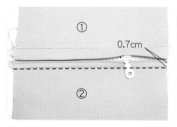

⑤ 於下方0.7 cm處再車一道固定線使縫份不露出。

⑥ 如圖距每個弧線皆為4cm，並畫上單摺記號線。

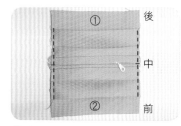

⑦ 摺好做疏縫，完成口袋布。註記一下前後袋身位置，①與②的交界則為中點。

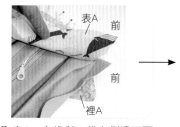

⑧ 取表A，上緣與口袋布側邊正面相對，裡A則是正面與口袋布反面相對。

Tips 表裡A皆有分前後位置，也有分正反裁片，位置要相對應。

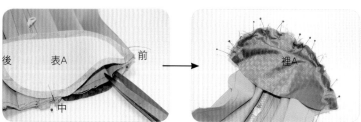

表A與口袋布的前、中、後位置抓好後，將口袋布邊剪牙口，讓它能順順對齊表A的弧度，暫用珠針固定。

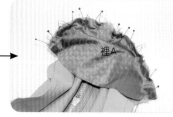

再將裡A與之用同樣方式對齊固定。

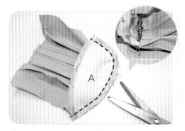

⑨ 縫份車合後，剪鋸齒狀。翻至正面壓線，再繼續完成另一邊A與口袋布的夾車。

10 參考 14【好好握手提把】運用⑥與3cm寬織帶製作手提把後,固定於上蓋後方。並找出前、後袋身中點。

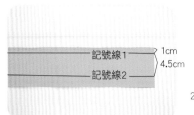

11 將拉鍊口布③之反面畫上二條平行線記號。

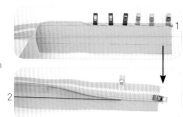

12 上緣往下摺與記號線1對齊後,取55cm長5V碼裝拉鍊,拔掉位於縫份內的頭尾拉齒後,對齊摺好的上緣車合起來。再往下摺一次,與記號線2對齊後,車合固定。

13 取表布④與③正面相對,裡布④正面與③的背面相對,夾車一側縫份。

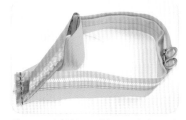

14 另一側縫份,對齊,夾車方式皆同上一步。

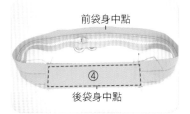

15 翻正後,如圖示壓線一圈。完成拉鍊口布。④的中線即為後袋身中點,相對處為前袋身中點。

16 將拉鍊口布沒有拉鍊的那一側,正面相對套在上蓋外,前後袋身位置先抓出來,再順順對齊其他部位,車合起來。

17 取底片B繼續車合同一圈。一樣先將前後袋身位置抓出來,再順順對齊其他部位,車合起來。

18 用斜布條⑤將縫份包邊一圈。

19 立體口袋造型上蓋完成。

20 運用後背帶材料並 參考 12【扣具減壓後背帶】製作後背帶,背帶中間成V型角度,車於上蓋正後方。背帶縫份多突出1-2cm,以利之後加強固定。

製作表前袋身

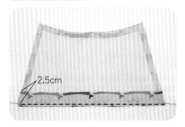

21 上口袋布C往上摺2.5cm,車0.2cm臨邊線固定起來後,再打開來翻回正面。

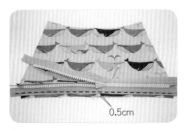

㉒ 取27cm長5V碼裝拉鍊，拔掉位於縫份內的頭尾拉齒後，與C的下緣相距0.5cm疏縫起來。

㉓ 取裡布C1與之正面相對，夾車拉鍊。

㉔ 裡布翻向下後，壓車一道0.2 cm臨邊線，以固定裡布。

㉕ 將表裡布對齊，疏縫好。

㉖ 下口袋⑦之表裡布正面相對，上緣縫份車合。

㉗ 翻正後，縫份刮平，直接車在C的另一側拉鍊齒下緣。

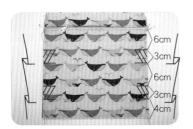

㉘ 下口袋⑦如圖畫上單摺記號線，摺好後疏縫起來。

㉙ 上口袋C依紙型單摺記號線摺合，並疏縫後，取口袋底布D置於下方，疏縫一圈。

製作表側袋身

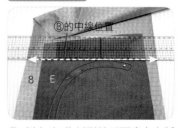

㉚ 側身片E依紙型於反面畫上有弧度的拉鍊框，與口袋布⑧正面相對，口袋布⑧長邊的一半做為中線，對齊拉鍊框的上緣後，依線車出拉鍊框。

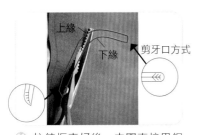

㉛ 拉鍊框車好後，中間直接用鋸齒剪刀剪開，頭尾圓角處則是多剪幾道牙口，以利翻摺。

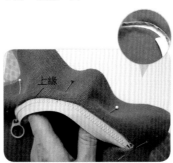

㉜ 將⑧由開洞翻至背面後，刮平縫份後露出拉鍊框。取20cm定吋拉鍊置於其下，頭尾先用珠針固定好，再接著固定拉鍊上緣處。

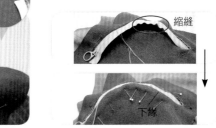

㉝ 之後拿縫針，縮縫另側拉鍊布，再拿珠針將其固定於拉鍊下緣處。

㉞ 車合拉鍊。由於此框有立體弧度，所以先車合易車的上緣，車到下緣時可將上緣布稍微立起來車會比較好車喔！

㉟ 翻至背後，將口袋布依中線對摺，下緣車合。

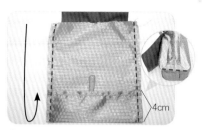

㊱ 再將底布往上摺4cm後，車合兩側。將袋底撐開，底角自然會出現三角型，將底邊車縫一道固定線以穩固袋型。

㊲ 依同樣的步驟完成另一片側袋身，左右先放好位置，等一下組合時比較不會出錯。

㊳ 組合表前袋身與表側袋身。取完成的表前袋身與一片側袋身片，正面相對車合。

表前袋身
表側袋身

㊴ 翻至正面壓線，另一側車法相同。

製作表後袋身及組合表中段袋身

㊵ 取50cm長的2cm寬織帶二條，斜角擺放，分別車於左右兩側。

㊶ 依紙型在後身片F背面畫上拉鍊框，再與口袋布⑨正面相對，如圖放好。配合F側邊斜度，上下跟⑨平行即可，車好拉鍊框。

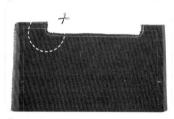

㊷ 將縫份修小剩0.5cm，圓角處剪鋸齒狀或牙口。

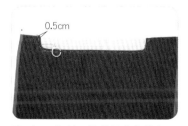

㊸ 翻正後刮平縫份露出拉鍊框，於後方置入20cm拉鍊，沿框邊車縫固定。

Tips 若使用3V拉鍊，上方可能會空出0.5cm空隙，在下一步驟用口袋布補足即可。

㊹ 將⑨往上正面相對翻摺，對齊袋身縫份後，疏縫三邊，再把多餘的口袋布料剪去，完成表後袋身。

㊺ 組合側袋身與後袋身。將後袋身片（注意上下不要顛倒）與側袋身片正面相對車合。

46 翻至正面，縫份倒向後身片，壓線固定，織帶如圖加強車縫固定。

47 另側後身片與另一片側身片正面相對車合。

48 翻至正面，縫份與織帶皆倒向後身片，再於拉鍊框上下車壓線固定。織帶也加強車縫固定。組合完成表中段袋身。

組合主袋身

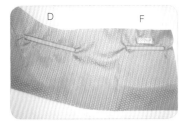

49 先製作裡袋身。在裡袋身D與F的位置，用15 cm拉鍊與二片口袋布⑩製作一字拉鍊口袋。

50 將裡袋身左右兩側正面相對，車合起來。再翻正壓線，即可完成裡袋身。

51 上蓋與表中段袋身上緣，正面相對、前後袋身位置也對齊好，車合一圈。其中除了④與F上緣會平齊外，其餘拉鍊布如圖皆與袋身布相距0.5cm。

Tips 打開拉鍊較容易車縫。

52 再取裡袋身與之正面相對、前後袋身位置也對齊好，車合一圈(與上步驟車合的是同一圈，等於是夾車上蓋的意思)。翻正後壓線一圈。

53 在後袋身，如圖加車幾道以加強穩固背帶。

Tips 可打開上蓋拉鍊方便車縫。

製作拉鍊夾層 **Tips** 製作小人版此步驟省略，直接跳至「組合袋底」。

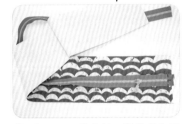

54 剪95cm碼裝拉鍊，將縫份內尾端拉齒拔掉後，車於拉鍊夾層布⑪一側邊之中間位置。

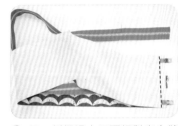

55 另一側摺過來正面相對車合縫份。翻正後，將縫份打開並避開拉鍊齒車縫固定。

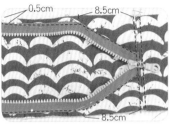

56 在接合線的8.5cm處的上下做記號，拉開拉鍊，成斜線分別拉往上下記號處對齊，並在距上下緣0.5cm處固定。

082

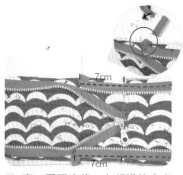

㊲ 車一圈回來後，在超過接合處7cm處停下。將頭尾布邊往內摺角，除去多餘布邊與拉齒。

Tips 縫份內不要有拉齒。

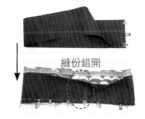

縫份錯開

㊳ 下袋身布⑫左右兩側正面相對車合。翻正後打開縫份在車線兩側壓線。再與夾層布⑪的下緣正面相對車合一圈，縫份錯開，車好後翻正壓線。

⑫
後袋身中點

㊴ 翻正後縫份倒向下並車固定。將⑫的接合處視為後袋身中點。

㊵ 將夾層布⑪的上緣正面相對套在主袋身表布下緣，前後袋身位置對好車合。

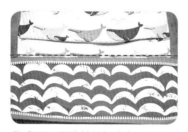

㊶ 翻至正面後縫份倒向上，壓線一圈。

㊷ 取裡袋身布⑬正面相對車合左右兩側縫份，再翻至正面壓線。

㊸ 抓出主袋身的內裡袋身下緣縫份，與之正面相對車合一圈。

表

裡

㊹ 縫份倒向下後壓線一圈。如圖可看出表、裡袋身下緣，至此還是分開的。

㊺ 將表裡袋身的下緣疏縫起來。拉鍊層完成。

組合袋底

表

裡

㊻ 袋底表、裡布G背面相對疏縫起來。

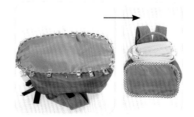

㊼ 抓出四周中點，與步驟65完成的袋身下緣縫份正面相對車合一圈。用斜布條⑭將縫份包邊一圈。

㊽ 翻正後將後袋身2cm寬織帶套上束環，再穿入減壓背帶的梯形釦後接著再往回穿入束環，尾端摺二摺車縫收尾即完成！

超能力
五層斜背包

完成尺寸：長31×寬10×高25cm

多功能長夾包，鈔票、零錢、護照、機票，一包統統收納好。側邊袋身可輕鬆取用水壺雨傘。

雙色設計袋蓋，質感高雅，
突顯個人品味。

好多隔層，背上彷彿擁有無限超能力，
收納任何物品都難不倒你。

裁布表 ★紙型外加縫份1cm，數字尺寸已含縫份（單位cm）　★此包皆用防水布，無燙襯

部位名稱	尺寸	數量	備註
袋蓋			
底蓋片	依紙型C	表1 裡1	
上蓋片	依紙型D	表1	
中間袋身			
上貼邊	依紙型A上	表2	
下袋身	依紙型A下	裡2	
拉鍊口袋布	① ↔ 25cm×↕35cm	1	
側袋身	依紙型B	表1 裡1	
側身口袋布	② ↔ 20cm×↕25cm	2	選用不分正反面之布料，例如：網布、帆布
收邊布條	③ ↔ 4cm×↕11cm	2	
前袋身			
上貼邊	依紙型A上	表1 裡1	
下袋身	依紙型A下	表1 裡1	
袋身	依紙型A	裡1	
口袋布	① ↔ 25cm×↕35cm	2	
後袋身			
上貼邊	依紙型A上	裡1	
下袋身	依紙型A下	裡1	
袋身	依紙型A	表1 裡1	
口袋布	① ↔ 25cm×↕35cm	1	
長夾包			
袋身	依紙型E	表1 裡1	
拉鍊夾層布	④ ↔ 17cm×↕22cm	裡2	
硬襯	⑤ ↔ 17cm×↕19cm	1	無裁布圖示

其它材料

- 拉鍊：15cm×1條、20cm×1條、25cm×2條。
  （註：此處沒特別指定·拉鍊布寬，請自由選用。）
- 5V拉鍊：60～70cm×1條。
- 3cm寬織帶：10cm×2條、40cm×1條。
- 3cm D環×2個。
- 皮片×2片。
- 與皮片搭配寬度的D環×2個（此示範包為2cm寬D環）。
- 插式磁扣×2組。
- 四合扣×2組。

- 鬆緊帶：約30cm。
- 鉚釘×數組。
▲斜背帶材料：
- 5.5cm寬配色布：112cm×1條。
- 3cm寬織帶：120cm×1條。（每人身形不同，實際使用長度請自由決定。）
- 背帶鉤×2個。
- 日環×1個。

裁布示意圖（單位：cm）

- 深藍色防水布

- 牛仔色防水布

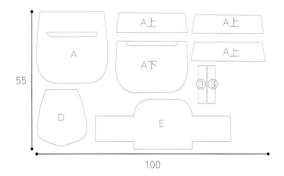

- 綠色薄尼龍裡布

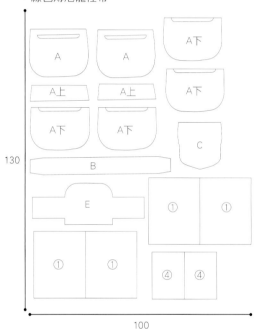

- 網布

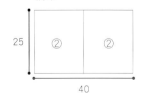

製作雙色袋蓋

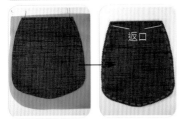

① 找一片剩餘的薄布，與表布D正面相對。於上方留返口，其餘車縫起來，將縫份剪成鋸齒狀後，翻回正面。

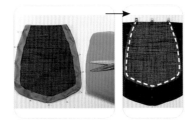

② 薄布周圍約留剩3cm後，將中間部分剪去不用。運用骨筆刮平邊緣，並用珠針固定好。D正面向上，置中放於表布C上，沿邊車縫。

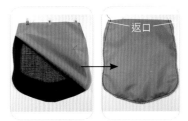

③ 再與裡布C正面相對車合，上方留返口，將弧線處的縫份剪成鋸齒狀。

④ 翻至正面後沿邊壓線一圈，完成袋蓋。

製作中間袋身

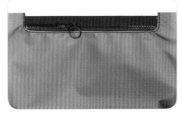

⑤ 取拉鍊口袋布①，與A下袋身，參考 ② 【下挖式拉鍊口袋】，完成A下之拉鍊口袋。

⑥ A上貼邊與A下袋身正面相對，車合上緣縫份。

⑦ 翻至正面，縫份倒向上後壓線。再依單摺記號將袋底兩側打摺好，疏縫起來。

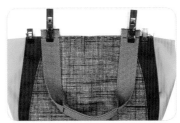

⑧ 製作另一片袋身。將袋蓋正面向上，置於另一片A下袋身的正面中央，再將40cm織帶的中段對摺車合約10cm後，依圖放好疏縫起來。

Tips 也可 參考 ⑭ 【好好握手提把】製作更精美的手提把。

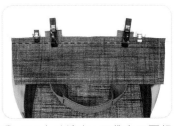

⑨ 取A上貼邊與A下袋身正面相對，車合上緣縫份。

⑩ 翻至正面後縫份倒向下壓線，再依單摺記號將袋底兩側打摺好，疏縫起來。

⑪ 側袋身口袋布②上緣，如圖示先摺入1cm縫份，再摺入2cm後依邊線車合，此為鬆緊帶穿入口。

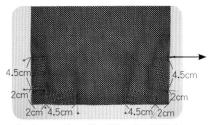

⑫ 如圖示之距離，標示出4個單向摺合記號。

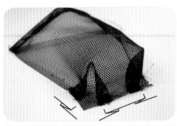

依記號摺合後車縫固定，形成立體袋底。

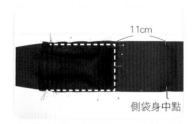

11cm

側袋身中點

⑬ 將立體口袋如圖示的距離放於側袋身表布B，除了穿入口，其餘車合起來。

⑭ 收邊布條③與立體口袋底正面相對對齊，縫份處車合。

⑮ 再翻摺至正面，將另一側縫份摺入，沿邊車壓2道線，收邊完成。

⑯ 由穿入口穿入鬆緊帶後，先車固定一側，待拉好鬆份再車固定另一側。

⑰ 另一邊口袋做法相同，完成二個側身立體口袋。

1cm

⑱ 10cm長織帶穿入D環後對摺，車縫固定於側袋身兩端中央。

⑲ 側袋身表布B與裡布B正面相對，兩端車合。

⑳ 翻至正面後壓線固定。

Tips 如步驟18，固定織帶時可多超出布邊1cm以上，如此在最後壓線時就保有比較長的織帶以供多車幾道壓線，使其更為牢固。

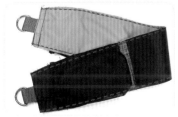

㉑ 再疏縫袋身邊緣。

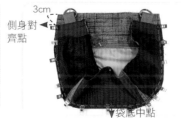

3cm
側身對齊點
袋底中點

㉒ 找出袋底中點與側身對齊點，將袋身A正面與側袋身B裡布面相對車合。側身對齊點是距上緣含縫份3cm處，依情況於側袋身B剪牙口，以利對齊袋身A圓角。

前
後

㉓ 再取另一片袋身A，同上個步驟與側袋身B的另一邊車合，完成中間袋身。有車袋蓋的為後，另一邊則為前袋。

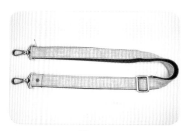

再將皮片夾住袋蓋，打洞位置做記號，再以鉚釘固定。

⑪ 用鉚釘穿透一片後袋身與提把和袋蓋，加強固定。

⑫ 最後 參考 ⑥【雙色斜背帶】，使用▲斜背帶材料，製作一條斜背帶即完成囉！

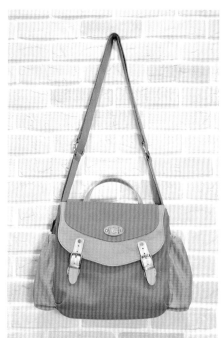

換個色，能優雅、能率性，怎麼搭都好看。

變化背法

巧妙結合袋中袋的設計，利用拉鍊分隔出夾層，讓隨身物品可以分層管理，井然有序。

完成尺寸：長29×寬14×高36cm

裁布示意圖（單位：cm）

・圖案棉麻布

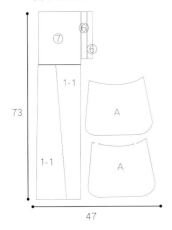

・綠帆布

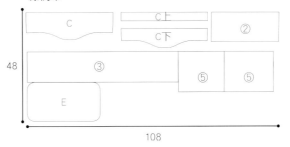

・黃帆布

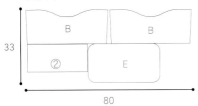

・薄尼龍布

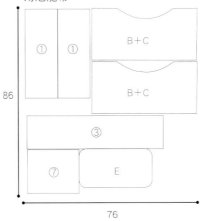

・皮片

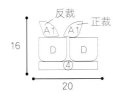

側邊拉鍊小口袋，可放置手機，
取用好方便！

製作表袋身

① 將裝飾皮片A1車於袋蓋布A紙型指定位置，另一片袋蓋布A則依紙型指定位置安裝磁扣公扣。

② 12cm長拉鍊頭尾摺起來，與A正面相對，拉鍊頭距布邊1.5cm，拉鍊布與布邊距離0.5cm處車縫起來。

③ 二片A正面相對，除了上緣其餘車合。於圓弧處剪鋸齒狀。

④ 翻正壓線。

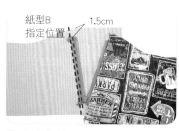

⑤ 摺起拉鍊另一側頭尾與B正面相對，依紙型B指定位置如圖對齊車縫。

⑥ 拉好拉鍊使A背面與B正面上緣對齊，從A左上沿邊車合至右下；2片皮片之間與A下緣的車縫邊距約為6.5cm，車至右邊皮片與拉鍊接合處再轉下，繼續車合至拉鍊尾端回車止縫，即形成一個密封口袋。

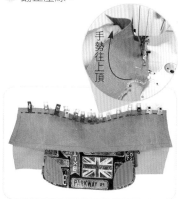

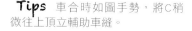

⑦ 取C有弧度的那側與B的上緣正面相對齊，車合起來。

Tips 車合時如圖手勢，將C稍微往上頂立輔助車縫。

⑧ 再把縫份全倒向C翻正壓線，完成上前袋身。

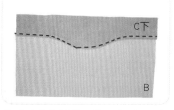

⑨ 車合背後部份。另一片B與C下依步驟7~8的方法車合。

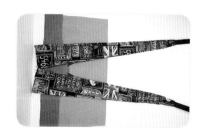

⑩ 參考⑫【扣具減壓後背帶】省略步驟9~12做好背帶後，其背面與C下正面相對，置中空個倒V形角度擺好並車合。背帶縫份要多突出1~2cm。

⑪ 取C上與之正面相對車合後，縫份全倒向C下。

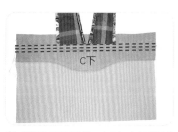

⑫ 翻至正面壓線，可多車壓幾道線加強固定背帶（這也是背帶多突出縫份的意義）。

微笑旅行
郵差包

制定好計劃，朝目的地前進。
走吧！帶著微笑去旅行。

完成尺寸：長23×寬10×高21cm

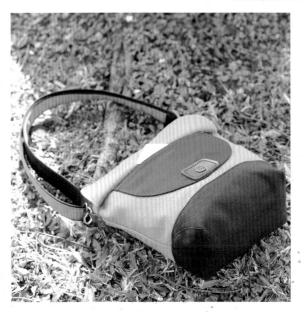

特殊的曲線口袋有著淺淺的微笑線條，
撞色帆布的搭配，時尚休閒又百搭，
不管斜背或肩背都亮眼有型！

雙層拉鍊袋、寬袋底、大容量，
錢包、護照、隨身物品，
分層收納好方便，
自在悠遊超Easy！

時尚簡約
帆布兩用包

完成尺寸：長23×寬10×高20cm

帆布與皮件的交織，展現時尚的流行元素。
輕鬆調整背帶長度，便能帶出休閒風格。
輕巧休閒、時尚肩背，貼近你的生活，
讓人氣質出眾、優雅又不失實用性。

小而輕巧的袋身、寬闊的雙隔層內袋，
放入偏好的隨身物品，
隨即為愜意地外出做好準備。

裁布表 ★燙襯未註明=不燙襯。數字尺寸已含縫份；紙型未含縫份，需另加縫份。縫份：未註明=0.7cm。

部位名稱	尺寸	數量	備註
表袋身			
主袋身	紙型A	1	
前口袋	紙型B	表1裡1	
前飾布	① ↔ 33.5cm × ↕ 4.5cm	1	
後口袋	表：② ↔ 33.5cm × ↕ 19cm	1	
	裡：③ ↔ 33.5cm × ↕ 14.5cm	裡1	
底飾布	④ ↔ 23.5cm × ↕ 9.5cm	1	
拉鍊口袋布	⑤ ↔ 20cm × ↕ 38cm	裡1	
吊耳布	⑥ ↔ 5cm × ↕ 17cm	2	
裡袋身			
貼邊	紙型C1	表2	
內袋身	紙型C2	1	
拉鍊口袋布	⑦ ↔ 20cm × ↕ 38cm	1	

 其它材料

· 3V塑鋼碼裝拉鍊：19cm×2條，拉鍊頭×2個。
· 肩背斜背兩用提把（含開口圈）×1組。
· 皮革磁釦袋口蓋（12cm× 10cm）×1組。
· 皮標×1片。

· 鉚釘：8-12mm×2組，4-5mm×4組。
· （寬1.9cm×長6.3cm）合成皮連接下片×2片。
· 21mm雞眼釦×4組。
· 1.2cm寬鬆緊帶：20cm×1條。

 裁布示意圖（單位：cm）

· 8號防潑水帆布（紅）

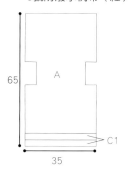

· POLY420D尼龍裡布

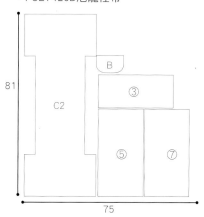

· 8號防潑水帆布（咖）

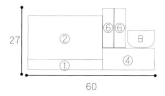

製作表袋身

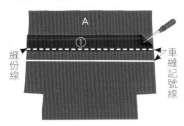

① 依紙型標示位置，於主袋身A前片標出前飾布①車縫記號線。再將前飾布①下方縫份線對應著上方車縫記號線，車縫固定。

② 將前飾布①往下摺翻回正面，用骨筆刮順，並於正面壓線0.2cm固定。

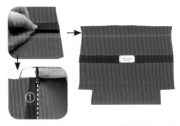

③ 再將前飾布①另一側縫份內摺用骨筆刮順，於正面沿邊壓線0.2cm固定，並於前飾布①中心位置釘上皮標。

製作前口袋

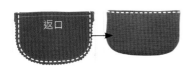

④ 前口袋B表、裡布正面相對車縫U型，平口處為返口不車。再修剪縫份並翻回正面，袋口縫份內摺夾好，沿邊壓線0.2cm。

⑤ 再將前口袋B沿U型邊車壓0.2cm，置中固定於主袋身A前片上方圖示位置。

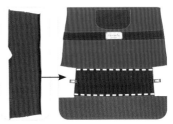

⑥ 將底飾布④兩側縫份內摺，用骨筆刮順。再疊放置中於主袋身A袋底位置，並於兩側分別沿邊車壓0.2cm固定飾布。

製作後口袋

⑦ 取後口袋表布②、裡布③，先找出短邊中心點做記號，再將表、裡布正面相對，車合兩側長邊處。

⑧ 翻回正面將兩側短邊表、裡中心點分別對齊，並將縫份倒向裡布③，從裡布那面分別將上下兩側壓線0.2cm固定縫份。

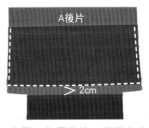

⑨ 依圖示位置將後口袋下方車壓0.2cm固定於主袋身A後片，再將口袋兩側與A疏縫固定。

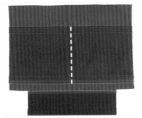

⑩ 於後口袋中間車壓口袋分隔線，頭尾要回針加強車縫固定。

⑪ 取碼裝拉鍊19cm兩端拔齒成15cm並裝上拉鍊頭，與拉鍊口袋布⑤於圖示位置製作15cm X 1cm一字拉鍊口袋。 參考① 【一字拉鍊口袋】

⑫ 再對摺將主袋身A前片與後片正面相對，將袋身兩側車合固定。

樂活隨行
小方包 & 隨手包

在街道巷弄閒逛或公園散步，
輕鬆背負、空出雙手，
快意地邁開步伐、自在隨行。

完成尺寸：長22×寬6×高20cm

美布不浪費!
利用剩餘布料完美製作小巧隨手包。

一條到底的拉鍊設計,
小巧思創造多隔層口袋,
萬用、方便又防盜!

知性典雅
三層拉鍊□

完成尺寸：長36×寬8×高23cm

輕巧百搭款,知性美格調!
不管是精明幹練的專業形象,還是浪漫柔美的約會包,
手提、肩背、斜背皆可襯托高雅氣質,
隨時展現優雅時尚,為打扮加分!

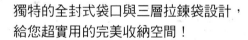
獨特的全封式袋口與三層拉鍊袋設計,
給您超實用的完美收納空間!

組合表、裡袋身

③⑦ 將步驟30拉鍊口布拉鍊拉開，口布裡布與裡袋身正面相對，袋身側邊縫份打開，將口布疏縫一圈固定於裡袋身袋口。

③⑧ 將步驟23表袋身置入裡袋身中，正面相對套合，側邊縫份打開，於袋口處車縫一圈組合固定。

Tips 表袋身前、後口袋拉鍊要先拉開會比較好車縫。

③⑨ 從返口將袋身翻回正面，袋口縫份整好用強力夾夾好，從一側邊中心開始沿邊壓線0.2cm一圈固定袋口。

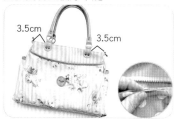

④⓪ 將連接下片皮片套入2cmD型環後，用8-12mm鉚釘固定於袋口兩側邊中心。

④① 依圖示位置用鉚釘固定提把，再將裡袋身返口以藏針縫縫合。

④② 取▲斜背帶材料，製作斜背帶勾上即完成。 參考 ⑦【可調式皮條斜背帶與短提把A】

率性風格
斜背包

悠閒的午後時光，
和好友們一起到戶外走走，
享受和煦溫暖的陽光吧！

完成尺寸：
長25×寬5×高16cm

143

裁布表 ★燙襯未註明=不燙襯。數字尺寸已含縫份；紙型未含縫份，需另加縫份。縫份：未註明=0.7cm。

部位名稱	尺寸	數量	備註
表袋身			
外袋身	紙型A	1	
袋蓋	紙型B	2	
筆插口袋布	紙型C	1	
前遮拉鍊口袋布	上片：① ↔ 19cm× ↕ 10cm	表1	
	下片：② ↔ 19cm× ↕ 27cm	裡1	
前飾布	③ ↔ 19cm× ↕ 3.5cm	1	可用皮革包邊條代替。
後貼式口袋	表：④ ↔ 17.5cm× ↕ 14.5cm	1	
	裡：⑤ ↔ 17.5cm× ↕ 10.5cm	裡1	
後飾布	⑥ ↔ 15.5cm× ↕ 3.5cm	2	可用皮革包邊條代替。
袋蓋飾布	⑦ ↔ 31.5cm× ↕ 3.5cm	1	可用皮革包邊條代替。
底飾布	⑧ ↔ 26.5cm× ↕ 5cm	1	
側飾條	⑨ ↔ 16.5cm× ↕ 2.5cm	2	可用皮革包邊條代替。
拉鍊口袋布	⑩ ↔ 20cm× ↕ 28cm	裡1	
裡袋身			
內袋身	紙型D	1	
貼邊	⑪ ↔ 31.5cm× ↕ 3cm	表2	
拉鍊口布	⑫ ↔ 25cm× ↕ 3cm	表2裡2	
拉鍊口袋布	⑬ ↔ 20cm× ↕ 28cm	1	
貼式口袋布	⑭ ↔ 31.5cm× ↕ 24.5cm	1	

其它材料

- 3V塑鋼拉鍊：6吋×3條。
- 5V塑鋼碼裝拉鍊：31cm×1條、拉鍊頭X 1個。
- 鉚釘：8-10mm×6組、4.5-6mm×4組。
- 真皮皮標×1片。
- 沙漏連接下片×2片。

- 皮革袋口連接手縫合扣×1組。
- 1.9cm寬皮條：130cm×1條、1.9cm束尾夾×2個。
- 2cm：D型環×2個、日型環×1個、龍蝦鉤×2個。
- 3.5cm寬包邊條：73cm×1條。

裁布示意圖（單位：cm）

- 皮革布

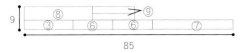

- 日本防水布

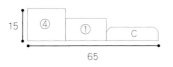

- 8號防潑水帆布

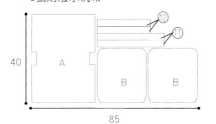

- POLY 420D尼龍裡布

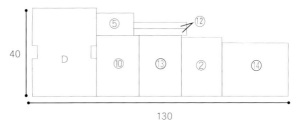

製作筆插口袋

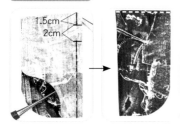

❶ 筆插口袋布C正面相對對摺，依圖示車縫平口處，中間留2cm不車，並修剪轉角縫份。再翻回正面，於袋口處壓線0.2cm固定。

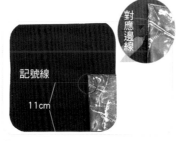

❷ 袋蓋B表布依圖示位置標出記號線，再將筆插口袋C置於右下方齊邊，並標出開口處對應邊線。

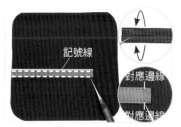

❸ 前飾布③於背面中線貼上水溶性雙面膠，兩側往中摺好。再置於記號線下並靠左對齊，於上下兩側車壓0.2cm固定到對應邊線處並回針。

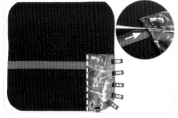

❹ 將筆插口袋C置於袋蓋B表布右下方齊邊，前飾布③尾端插入步驟1口袋C未車合的洞口中，再於口袋左側車壓0.2cm固定。

❺ 將筆插口袋C右側和袋蓋疏縫，並依圖示位置釘上皮標。

製作前遮拉鍊口袋

❻ 依紙型標示位置於袋蓋B表布背面，畫出拉鍊車縫框記號。

❼ 前遮拉鍊口袋布上片①、下片②，正面相對，短邊處先車合。再將縫份倒向上片①，翻正壓線0.2cm固定縫份。

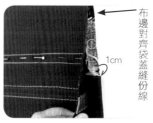

❽ 將前遮拉鍊口袋布置於袋蓋B表布下方正面相對，用珠針別好。拉鍊框下方框線位置對齊上片①圖示標線1cm處。口袋布邊對齊袋蓋縫份邊線，避免包邊太厚。

❾ 沿拉鍊框車縫一圈。依圖示於中間劃開並剪Y字開口。

❿ 從洞口將口袋布翻出，並將袋口捏著順好。翻到背面於口袋布①距拉鍊框上方0.5cm處畫摺線記號。

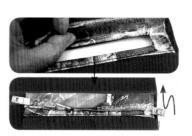

⓫ 將拉鍊口袋布上片①先往上0.5cm，再下摺對齊袋口，蓋住袋口後再往上摺，並用強力夾固定兩邊。

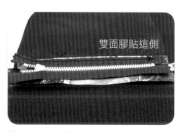

⓬ 取6吋3V塑鋼拉鍊，利用水溶性雙面膠，將拉鍊正面置中對齊框口，黏貼固定。

Tips 雙面膠只貼圖示那一側。

輕巧多層
斜肩萬用包

防潑水、超輕量！
訂製專屬於你的個性萬用包。

完成尺寸：長30×寬8×高21cm

150

簡單素雅的肯尼布，搭配跳色拉鍊與皮革，
增添視覺色彩感度與個性品味。
多隔層設計，輕鬆分類，
讓小尺寸的包，也能擁有絕佳的收納功能。

可自由變化製作成腰包或斜背包，
兼具品味與實用的設計，
你一定不能錯過！

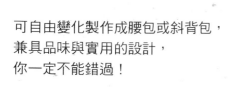

紳士品味

輕旅斜背包

輕鬆變裝，只要調整背帶長度，
不管是肩背或斜背都能展現出
個人品味與時尚感！

完成尺寸：長28×寬8×高22cm

職人必備、出差辦公或旅行的最佳選擇！
特殊皮紋防水布與皮件的巧妙搭配，
好品味又兼具專業感。

多層拉鍊袋設計！
文件、平板、筆電，層層分類收納。
輕巧大容量，一包就搞定！

159

裁布表 ★燙襯未註明=不燙襯。數字尺寸已含縫份；紙型未含縫份，需另加縫份。縫份：未註明=1cm。

部位名稱	尺寸	數量	備註
表袋身			
表袋身前、後片	紙型A	2	
立體口袋	（上）：紙型B1	表1裡1	
	（下）：紙型B2	表1裡1	
	（裡）：紙型B3	裡2	
立體口袋側身	① ↔ 4.5cm×↕49.5cm	表1裡1	
袋蓋	紙型C	表1裡1	
拉鍊口袋布	② ↔ 28cm×↕40cm	裡2	
拉鍊口布前片	③ ↔ 3.7cm×↕38.5cm	表1裡1	
拉鍊口布後片	表：④ ↔ 5.7cm×↕38.5cm	1	
	裡：⑤ ↔ 3.7cm×↕38.5cm	裡1	
表側身	⑥ ↔ 10cm×↕65cm	1	
夾層拉鍊口袋布	⑦ ↔ 30cm×↕45cm	裡1	
包繩布	⑧ ↔ 105cm×↕3cm	2	
裡袋身			
裡袋身前、後片	紙型A	2	
裡側身	⑨ ↔ 8cm×↕65cm	1	
拉鍊口袋布	⑩ ↔ 26cm×↕40cm	1	
分格口袋布	紙型D	1	
貼式口袋布	⑪ ↔ 20cm×↕34cm	1	

其它材料

- 5號尼龍碼裝拉鍊：18cm×1條，26cm×2條，30cm×1條，41cm×1條，拉鍊頭×5個。
- 3號尼龍碼裝拉鍊：26cm×1條，拉鍊頭×1個。
- 鉚釘：8-12mm×2組。
- （寬1.9cm×長19cm）雙面合成皮包釦X2組。
- 3.8cm寬織帶：8cm×2條，140cm×1條。
- 3.8cm：口型環×2個、日型環×1個。
- 2cm：D型環×2個。
- 3mm出芽塑膠繩：105cm×2條。
- 3.5cm寬皮革包邊條：140cm×2條。
- 2.5cm寬人字帶包邊條 ：110cm×1條。

✂ 裁布示意圖（單位：cm）

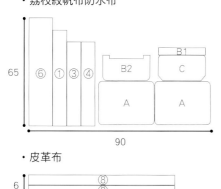

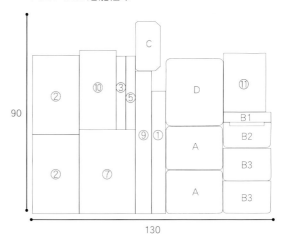

製作前口袋

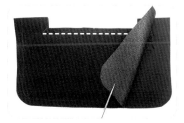

① 取5號碼裝拉鍊18cm與立體口袋（下）B2表、裡布，正面相對置中夾車拉鍊到兩端止縫點，拉鍊正面朝表布正面。

② 分別於兩側轉角處剪牙口，表、裡布都要剪，小心不要剪到拉鍊及縫線。

③ 翻回正面，先從一端裝上拉鍊頭，再將兩端頭尾處表、裡布的縫份內折夾好。

Tips 可用水溶性膠帶輔助固定。

④ 將表、裡齊邊，再沿框壓線0.2cm固定。

⑤ 再取立體口袋（上）B1表布與裡布，使其正面相對，置中夾車上方拉鍊另一側。

⑥ 翻回正面並將表、裡齊邊，壓線0.2cm固定。

⑦ 將口袋四周表、裡布疏縫固定，並於紙型標示位置處縫上皮包釦母釦。

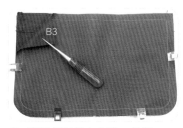

⑧ 翻到背面蓋上立體口袋裡B3，與其正面相對，沿邊疏縫一圈固定。

⑨ 再與口袋側身①表布正面相對車合，車縫轉彎處時，於側身布剪牙口輔助車合，再用鋸齒剪修剪圓弧處縫份。

⑩ 翻回正面，縫份往側身①倒，於①沿邊壓線0.2cm固定縫份。

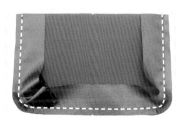

⑪ 取另一片立體口袋裡B3與口袋側身①裡布，正面相對車合U型處，車縫轉彎處時，於側身布剪牙口輔助接合。再修剪圓弧處縫份。

⑫ 翻回正面，縫份倒向裡布B3，於B3沿邊壓線0.2cm固定。此處縫份倒向與表袋反方向，可避免縫份過厚。

⑬ 將步驟10立體口袋表袋與步驟12裡袋正面相對車合一圈,下方留15cm返口不車,並用鋸齒修剪轉角及圓弧處縫份。

⑭ 從返口翻回正面,四周縫份及返口縫份用強力夾夾好,於上方平口處壓線0.2cm固定。

⑮ 再於側身處沿邊壓線0.5cm固定縫份及返口,完成立體口袋。

 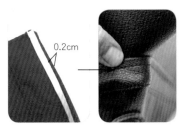 

⑯ 表袋身前片A正面依紙型標示位置,畫出立體口袋位置記號。

⑰ 將口袋側身邊緣往內0.2cm處貼上3mm雙面膠,找出口袋對應中心,將立體口袋黏貼在袋身前片A記號位置。轉角可用手指往內壓黏合。

⑱ 沿口袋側身邊緣壓線0.2cm固定立體口袋,頭尾兩端需加強回針車縫固定。

製作前、後拉鍊口袋

 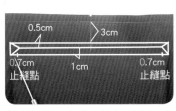 

⑲ 製作口袋袋蓋。將袋蓋C表、裡布正面相對車合,平口處為返口不車,並修剪縫份。再翻正沿邊壓線0.2cm固定。

⑳ 於步驟18表袋身前片A背面上方中,依圖示位置畫1.5cm×22cm拉鍊框及Y字開口記號線。並於左、右兩側距拉鍊框邊0.7cm位置標示止縫點記號。

㉑ 再將拉鍊口袋布②置於下層,口袋布上方距離框邊約2.5cm,正面相對用珠針固定。

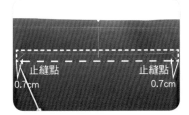  

㉒ 從左下方止縫點開始車縫,針距放大至5mm,疏縫到右側止縫點,再車縫剩餘拉鍊記號框一圈,止縫點記號前後需回針車縫。

㉓ 再將拉鍊框中間剪Y字開口,並將兩端止縫點中間那段疏縫線用拆線刀拆掉。

㉔ 將步驟19袋蓋夾入中間疏縫線拆開的地方,並將袋蓋裡布面朝向袋身表布,用強力夾夾好。

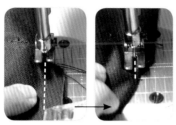  

㉕ 沿著原本疏縫線位置將袋蓋夾車固定，前後並要回針車縫。車縫前端時，將下方立體口袋往下撥順壓平再車；車到尾端時，同樣再將口袋往上撥順壓平再車。

㉖ 從Y字開口處，將口袋布②往後翻正。

㉗ 將袋口邊緣整平刮順，並於縫份處貼上3mm雙面膠輔助固定，將袋口整好。雙面膠需避開等等車壓拉鍊0.2cm的地方黏貼。

 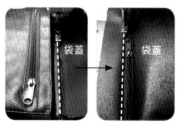 

㉘ 取5號尼龍碼裝拉鍊26cm裝上拉鍊頭，用水溶性雙面膠將拉鍊置中黏貼於拉鍊框。

㉙ 翻開袋蓋，先從下方開始沿著拉鍊框車壓0.2cm固定拉鍊，車到轉角處再把袋蓋放下，車壓拉鍊框上方，沿著框車壓一圈固定拉鍊。

㉚ 翻到背面將拉鍊口袋布②往上摺，正面相對對齊，車縫口袋布三邊。再將口袋上方兩端轉角處縫份修剪，避開袋身A縫份。

製作裡袋身

㉛ 完成表袋身前片。

㉜ 取5號碼裝拉鍊26cm裝上拉鍊頭，與拉鍊口袋布②於表袋身後片A圖示位置，製作22cm×1cm一字拉鍊口袋。 參考 ➊【一字拉鍊口袋】

㉝ 分格口袋布D，於摺雙處背對背對摺，並於上方袋口分別車壓0.2cm及1cm裝飾線。

㉞ 再將口袋布D覆蓋於裡袋身後片A上，下方齊邊，於中間車壓口袋分隔線，並於上方加強車縫固定。

㉟ 取3號碼裝拉鍊26cm並裝上拉鍊頭，與拉鍊口袋布⑩於裡袋身後片A製作22cm×1cm一字拉鍊口袋。參考 ➊【一字拉鍊口袋】

㊱ 貼式口袋布⑪長邊處正面相對對摺，依圖示車縫口袋三邊，口袋底中間留返口不車，並修剪四角縫份。

③⑦ 翻回正面，轉角利用錐子整好，於上方袋口處分別車壓0.2cm及1cm裝飾線。

③⑧ 再將口袋沿邊車壓0.2cm固定於裡袋身前片A上，轉角並車縫三角形加強固定。

③⑨ 裡袋身前片A再與步驟31表袋身前片A，背面相對，用強力夾夾好，沿邊疏縫一圈固定。

製作包繩

④⓪ 利用包繩布⑧與塑膠繩，將完成之袋身前片，從底中心開始沿邊車縫包繩一圈固定。 參考④【皮革出芽及包繩B】

④① 同作法再將步驟32表袋身後片A，沿邊車縫包繩一圈。 參考④【皮革出芽及包繩B】

製作夾層拉錬袋

④② 拉錬口布後片④表布依圖示於中間畫2.5cm×25cm記號框。

④③ 再與夾層拉錬口袋布⑦正面相對，上方置中對齊，車縫拉錬框。再於轉角處剪牙口及修剪縫份。

④④ 翻回正面並將拉錬框整好刮順。另取5號尼龍碼裝拉錬30cm裝上拉錬頭，置於下層並沿框邊車壓0.2cm置中固定拉錬。

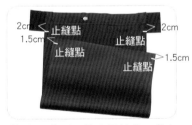

④⑤ 翻至背面，將夾層拉錬口袋布⑦往上翻，並依圖示位置，分別標示出車縫止點記號。

④⑥ 口袋布⑦上摺，並將兩側1.5cm止縫點記號分別對應2cm止縫點記號，車縫口袋兩側到止縫點並回針。

④⑦ 再於左右兩側止縫點的縫份剪牙口，上下都要剪。

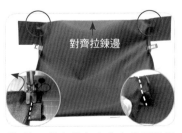

④⑧ 將口袋布⑦上方往上拉並對齊拉錬布邊。再分別抓起拉錬兩邊尾端側邊，車縫固定。下方拉錬口布要翻開再車，小心不要車到口布。

製作拉錬口布

⑭ 再將口袋布⑦上方與拉錬布邊疏縫固定。

㊿ 拉錬口布後片④表布另一側再與口布後片⑤裡布，正面相對夾車41cm碼裝拉錬，拉錬正面朝表布正面，此處縫份車縫0.7cm。

(51) 翻回正面，沿邊壓線0.2cm，將表、裡一起車壓固定。小心不要車到後方口袋布。

組合袋身

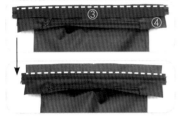

(52) 再將拉錬口布前片③表、裡布正面相對，夾車拉錬另一側邊，縫份車縫0.7cm，翻正壓線0.2cm固定。

(53) 在裡側身⑨背面同一側兩端，分別標示出2cm止縫點記號。

(54) 再與步驟52拉錬口布後片⑤裡布正面相對，頭尾兩端車縫到2cm止縫點並回針。

Tips 此處只車裡布，下方表布要翻開不要車到。

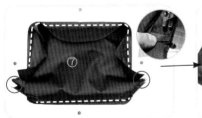

(55) 再與步驟35裡袋身後片A正面相對，縫份往側身底倒，再找出四個對應中心點夾好車縫一圈固定。轉彎可處於側身剪牙口輔助車縫。

Tips 此處拉錬口布後片裡布與裡袋身後片接合時，只有車縫接合裡布，拉錬口布表布要翻開，小心不要車到。

(56) 分別於左右兩側圖示位置處的縫份剪牙口。

(57) 從一側拉錬尾端先裝上拉錬頭。再將裡側身與拉錬口布尾端未車合部分，抓起對齊疏縫固定。同作法車合另一側。

(58) 取兩條8cm織帶，分別套入口型環對摺車縫固定。再將織帶側邊對齊拉錬口布前片邊，持出1.5cm疏縫固定於拉錬口布頭尾兩端。

(59) 表側身⑥兩端分別再與拉錬口布頭尾兩端，正面相對車縫固定。

60 翻回正面，縫份倒向表側身，壓線0.2cm固定縫份。此處只壓表布，下方裡布要撥開不要車壓到。

夾層拉鍊口袋

61 再與步驟41表袋身後片正面相對，將表袋身後片對著拉鍊口布後方有夾層拉鍊那一面，找出四中心點夾好車縫一圈。轉彎處要剪牙口輔助車縫。

62 從下方將表袋翻回正面與裡袋套合。並先將表袋袋底縫份與裡袋袋底縫份中心處手縫固定。縫線不要太緊約一個手指頭鬆份即可。

63 將表、裡袋身套合，並將側身另一邊疏縫一圈固定。

64 袋口拉鍊先拉開，將裡袋身翻出。側身另一側邊再與步驟40表袋身前片A正面相對，中心點對應夾好，車縫一圈組合袋身。

65 取人字帶包邊條對摺將縫份包起。可先用強力夾夾好，或用雙面膠輔助黏合，再沿邊壓線0.2cm將縫份包住，尾端需重疊1.5cm再車。

製作斜背帶

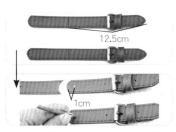

12.5cm

1cm

66 皮包釦先於12.5cm處作記號，再用2cm圓弧斬斬斷，並於圖示位置利用丸斬打孔。

Tips 也可以利用現成長度的皮包釦直接製作。

67 皮包釦上方套入D型環後內摺，用鉚釘固定於袋蓋C紙型標示位置處。

68 將皮革包邊條兩側往中心摺夾好，再置中放在織帶上，分別於兩側沿邊壓線0.2cm固定。

69 將背帶一端套入日型環，並於織帶尾端內折，壓線0.2cm固定。再依圖示穿入袋身側邊的口型環。

70 再將背帶另一端套入袋身另一側口型環，織帶尾端內折，壓線0.2cm固定背帶。

71 完成。

繽紛花漾
單肩拉鍊後背包

時尚輕休閒！
不論是與好友姊妹，還是家中小寶貝出遊，
一起隨心所欲，自在悠遊玩個盡興吧！

完成尺寸：長28×寬16×高32cm

一次掌握流行重點的多功能單肩拉鍊後背包，
不管是單肩還是後背，輕鬆休閒、自在俐落，
怎麼背都有型！
同款式的後背包設計，不僅各自單獨背好看，
還能變成超吸睛的親子包、姊妹包。

裁布表 ★燙襯未註明=不燙襯。數字尺寸已含縫份；紙型未含縫份，需另加縫份。縫份：未註明=0.7cm。

部位名稱	尺寸	數量	備註
表袋身			
表袋身前片（上）	紙型A1	1	
表袋身前片（下）	紙型A2	裡1	
表袋身後片	紙型A	1	（A＝A1＋A2）
前拉鍊口袋	紙型B	表1裡1	
拉鍊擋布	① ↔ 5cm×↕3.2cm	2	
立體口袋前片	紙型C	表1裡1	
立體口袋拉鍊口布	② ↔ 3.5cm×↕25.5cm	表1裡1	
立體口袋側身	③ ↔ 5.5cm×↕42.5cm	表1裡1	
口袋包邊條	④4cm×66cm（斜布紋）	裡1	
前貼口袋	表：紙型D1	1	
	裡：紙型D2	裡1	
側身	紙型E	2	
側口袋	表：⑤ ↔ 24cm×↕21cm	2	
	裡：⑥ ↔ 24cm×↕18.5cm	裡2	
拉鍊口袋布	⑦ ↔ 22cm×↕42cm	裡1	
拉鍊口布前片	⑧ ↔ 5.5cm×↕35.5cm	表1裡1	
拉鍊口布後片	表：⑨ ↔ 10.5cm×↕35.5cm	1	
	裡：⑩ ↔ 7cm×↕35.5cm	裡1	
吊耳布	⑪ ↔ 6cm×↕5cm	2	
袋蓋	紙型F	2	
袋底	紙型G	1	
減壓背帶布	紙型H	正2反2	EVA軟墊：紙型H1（正1反1），H1紙型為實版已含縫份
織帶連接布	紙型I	2	
裡袋身			
裡袋身前/後片	紙型A	2	
側身	紙型E	2	
袋底	紙型G	1	
鬆緊口袋布	⑫ ↔ 33.5cm×↕45.5cm	1	
拉鍊口袋布	⑬ ↔ 22cm×↕42cm	1	
側包邊條	⑭ 4cm×80cm（斜布紋）	2	
底包邊條	⑮ 4cm×44cm（斜布紋）	1	
頂部包邊條	⑯ 5.5cm×14cm（斜布紋）	1	

其它材料

- 3號尼龍碼裝拉鍊：18cm×2條、拉鍊頭×2個。
- 5號尼龍碼裝拉鍊：27cm×1條、37cm×1條、拉鍊頭×3個。
- 3.2cm寬織帶：25cm×1條。
- 皮標×1片、4-5mm鉚釘×4組。
- 5mm棉繩：25cm×2條。
- 皮革書包插扣×1組。

▲背帶材料
- 3.2cm寬織帶：50cm×2條。
- 5號尼龍碼裝拉鍊：47cm×1條、拉鍊頭1個。
- 3.2cm：日型環×2個、龍蝦鉤×2個。

▲織帶連接片材料
- 3.2cm寬織帶：8cm×2條。
- 3.2cmD型環×2個。

 裁布示意圖（單位：cm）

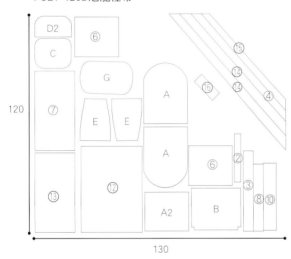

- POLY 420D尼龍裡布

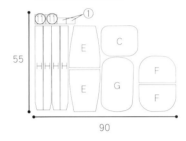

- 荔枝紋帆布防水布

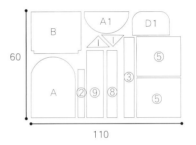

- 日本花卉防水布

 How to make

製作前立體口袋

1. 前貼口袋表布D1、裡布D2正面相對，車合上方平口處。

2. 翻回正面，將口袋下方表、裡布齊邊，縫份倒向裡布D2，於D2沿邊壓線0.2cm固定縫份。

3. 再將前貼口袋與立體口袋前片C表布下方齊邊，將口袋疏縫固定於C上。

④ 再與立體口袋前片C裡布背面相對，疏縫一圈固定。

⑤ 取5號尼龍碼裝拉鍊27cm與立體口袋拉鍊口布②表布，正面相對，車縫拉鍊一側。

⑥ 將②表布往上翻回正面，再將立體口袋拉鍊口布②裡布與表布，正面相對，車合另一側邊。

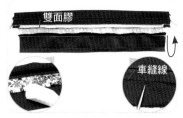

⑦ 翻回正面將縫份用骨筆刮順，再翻到背面沿拉鍊邊緣車線內貼上水溶性雙面膠。將裡布②另一側縫份內摺，並蓋住車縫線邊緣黏貼固定。

⑧ 小心翻到表布正面，沿拉鍊邊壓線0.2cm固定，並從拉鍊尾端裝上拉鍊頭。

⑨ 取立體口袋側身③表布與裡布，兩端分別表、裡正面相對，夾車拉鍊口布頭尾兩端。

⑩ 再將口袋側身③表布與裡布正面相對，將外側邊車合，車縫到頭尾兩端時，要將裡面的拉鍊口布往外拉，小心不要車到。

⑪ 修剪轉角及多餘的拉鍊口布縫份，再將縫份往側身倒，翻正壓線0.2cm，並將側身表、裡一起疏縫固定。

⑫ 再將側袋身與步驟4立體口袋前片正面相對，拉鍊處朝向口袋前片，上下中心點對應好，車縫一圈固定。

製作前拉鍊袋

⑬ 取口袋包邊條④將縫份包邊。
參考 ⑥ 【縫份包邊A】

⑭ 將立體口袋翻回正面，再將口袋沿邊車壓0.2cm一圈固定於前拉鍊口袋B表布紙型標示位置上。

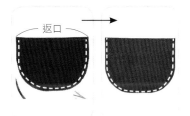

⑮ 將袋蓋F兩片，正面相對車縫U型，返口處不車，再修剪圓弧處縫份，翻回正面沿邊壓線0.2cm固定。

⑯ 再將袋蓋置中疏縫固定於步驟14前拉鍊口袋B表布上方。

⑰ 將碼裝拉鍊22cm裝上拉鍊頭後，兩端分別與拉鍊擋布①正面相對車縫，並將縫份內摺再向後翻摺，於正面壓線0.2cm固定，將拉鍊頭尾包起。

⑱ 前拉鍊口袋B裡布再與步驟16袋蓋正面相對，並將拉鍊置中夾入上方，拉鍊正面朝袋蓋正面，夾車拉鍊車縫固定。

⑲ 將袋蓋往上掀並翻回正面，再將口袋B下方表、裡布齊邊，沿拉鍊邊壓線0.2cm固定。

⑳ 分別將兩側四個底角個別車縫，只能車到縫份點。並將四個底角轉角處剪牙口，縫份打開。

㉑ 再將口袋B表、裡套合，並將三邊表、裡疏縫固定。注意轉角處需斷開，並將縫份摺好再疏縫。

㉒ 將袋蓋往下翻。表袋身前片（上）A1再與表袋身前片（下）A2，正面相對，夾車前拉鍊口袋B上方拉鍊另一側。

㉓ 掀開口袋，並將縫份倒向表袋身前片（下）A2，於A2正面壓線0.2cm固定縫份。

製作表袋身後片

㉔ 將口袋往下放，並與表袋身前片（下）A2三邊疏縫固定。注意轉角處的縫份點要對應好，組合起來才會漂亮。

㉕ 依圖示安裝皮革書包插扣，並將皮標固定於紙型標示位置處。完成表袋身前片。

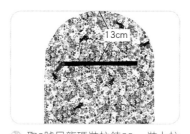

㉖ 取3號尼龍碼裝拉鍊22cm裝上拉鍊頭與拉鍊口袋布⑦，於表袋身後片A圖示位置製作18cm×1cm一字拉鍊口袋。 參考 ❶【一字拉鍊口袋】

㉗ 利用▲織帶連接片材料與兩片織帶連接布I，製作織帶連接片。 參考 ❽【織帶連接片】

172

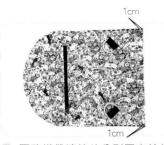

㉘ 再將織帶連接片分別固定於袋身後片兩側下方圖示位置處。完成表袋身後片。

製作側口袋

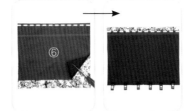

㉙ 側口袋表布⑤、裡布⑥正面相對車縫固定,再翻回正面,縫份倒向裡布並將口袋下方表、裡布齊邊,於裡布⑥正面沿邊壓線0.2cm。

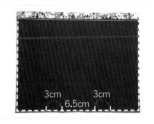

㉚ 將側口袋表、裡布三邊疏縫,袋底依圖示間隔做摺線記號。

㉛ 依摺線記號將口袋底往中打摺疏縫固定,並於口袋上方穿入15cm鬆緊帶,兩端鬆緊帶需持出1cm再車縫固定。

㉜ 再與表側身E下緣對齊,疏縫固定口袋三邊,並將兩側持出的1cm鬆緊帶,向後翻摺一起疏縫固定。同步驟29~32完成另一側口袋。

製作側袋身

㉝ 取5號尼龍碼裝拉鍊37cm、兩個拉鍊頭,與拉鍊口布前片⑧表、裡布及後片⑨表布、⑩裡布製作隱藏式拉鍊口布。 參考 ③【拉鍊口布B】

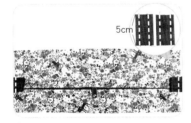

㉞ 吊耳布⑪兩側往中摺,於兩側壓線0.5cm。再分別對摺,疏縫固定於拉鍊口布兩端拉鍊頭尾中心處。

㉟ 裡側身E上方再與步驟32表側身E上方,正面相對,夾車拉鍊口布一端。

㊱ 翻回正面,將表、裡下方齊邊順好,壓線0.2cm固定縫份。

㊲ 同作法將裡側身E另一片再與另一表側身,正面相對夾車拉鍊口布另一端,並翻正壓線0.2cm。完成側袋身。

製作裡袋身後片

㊳ 取鬆緊口袋布⑫,長邊處背面相對對摺,於對摺處壓線1.5cm固定。

㊴ 將口袋三邊疏縫,袋底依圖示間隔做摺線記號。並於口袋上方穿入24cm鬆緊帶,兩端鬆緊帶需持出1cm再車縫固定。

組合袋身

40 依記號將口袋底往兩側外打摺疏縫固定，再與裡袋身後片A下緣對齊，疏縫三邊固定口袋，並將口袋兩側鬆緊帶，向後翻摺一起疏縫固定。

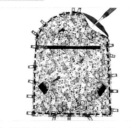

41 裡袋身後片A再與步驟28表袋身後片A背面相對，沿邊緣疏縫一圈固定。

42 利用▲背帶材料、減壓背帶布H、EVA軟墊H1，製作單肩拉鍊後背帶。 參考 10 【單肩拉鍊後背兩用背帶】

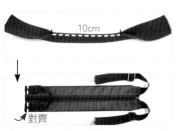

43 25cm織帶取中間10cm對摺，沿邊車縫0.2cm固定，製作提把。再將提把置於後背帶上方、靠背帶外側對齊，疏縫固定，再修剪多餘的拉鍊。

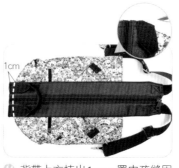

44 背帶上方持出1cm，置中疏縫固定於步驟41袋身後片上方，並順著圓弧形狀修剪兩尖角。完成袋身後片。

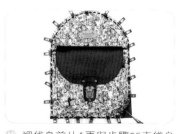

45 裡袋身前片A再與步驟25表袋身前片背面相對，沿邊緣疏縫一圈固定。完成袋身前片。

46 袋身前片再與步驟37側袋身正面相對，並將拉鍊口布前片對應著袋身前片，沿邊車縫組合固定。

47 取側包邊條⑭將縫份包邊。並將兩側底縫份倒向側袋身，疏縫固定。 參考 6 【縫份包邊A】

48 步驟44袋身後片再與側袋身另一側正面相對，拉鍊口布後片對應著袋身後片，沿邊車縫組合固定。

49 取另一側包邊條⑭，依圖示將兩側縫份包邊，其中跳過中間背帶銜接處先不包，再將兩側底縫份倒向側袋身，疏縫固定。 參考 6 【縫份包邊A】

50 另取頂部包邊條⑯，依圖示先將包邊條兩端縫份內摺，再與袋身頂部中間未包邊處正面相對車縫固定。再將袋口拉鍊拉開。

51 將包邊條另一側縫份內摺並向後翻摺包住縫份，沿邊壓線0.2cm將縫份包邊，並依圖示車壓框型固定線，加強固定背帶。 參考 6 【縫份包邊A】

㊱ 袋底G表布與裡布背面相對，疏縫一圈固定。

㊲ 袋底G表布再與袋身底部正面相對，車縫一圈組合固定。

㊳ 取底包邊條⑮，將縫份包邊。參考 【 縫份包邊A 】

Tips 此處車縫組合壓線時，可利用紙板或卡片，降低前後高低差，會有利於車縫。

㊴ 將袋身翻回正面，並於袋口拉鍊頭分別穿入5mm棉繩，尾端打結固定。

㊵ 完成。

為孩子們～
製作獨一無二的專屬親子包！

✏ **親子包密技**

★小童款背帶可依孩子們的身高與需求做調整！
尺寸參考：
可於減壓背帶布H紙型上方平口處縮短長度約8cm。
（EVA軟墊H1亦同！），背帶下方織帶長度調整為25～30cm即可。

基本款減壓背帶

Tips
亦可省略背帶車縫拉鍊的部分，即可輕鬆簡單製作基本款的減壓後背帶唷！

環遊世界

親子悠遊單肩包

給孩子最好的禮物！
往肩上一背，和家人一起
享受愜意的輕旅行！

完成尺寸：長24×寬10×高32cm

雙層拉鍊袋，魔術大空間！
別緻的口袋設計和最佳寬淺比例，
簡約率性又兼具多功能性，
也是適合所有場合的完美親子包，
即使是旅行也能輕鬆背！

裁布表 ★燙襯未註明=不燙襯。數字尺寸已含縫份；紙型未含縫份，需另加縫份。縫份：未註明=0.7cm。

部位名稱	尺寸	數量	備註
表袋身			
表袋身前片	紙型A1	1	
	紙型A2	1	※小童款略
	紙型A3	裡1	※小童款略
	紙型A4	1	※小童款略
	◎小童款：紙型A5	1	（A5=A2+A3+A4）
貼式口袋	紙型B	表：正1 裡：反1	
前遮片	紙型C	2	
拉鍊口袋布	① ↔ 21cm×↕36cm	裡1	
立體口袋	紙型D	表1裡1	※小童款略
拉鍊擋布	② ↔ 4cm×↕3.2cm	2	※小童款略
前袋拉鍊口布	③ ↔ 3cm×↕38.5cm	表1裡1	
前袋側身	④ ↔ 5cm×↕59cm	表1裡1	
後袋拉鍊口布	前片：紙型E1	表1裡1	
	後片：紙型E2	表1裡1	
後袋側身	⑤ ↔ 9.5cm×↕59cm	表1裡1	
吊耳布	⑥ ↔ 6cm×↕5cm	2	
表袋身後片	紙型F1	表：正1 裡：反1	
織帶連接布	紙型G	2	
單肩背帶布	⑦ ↔ 18cm×↕52cm （◎小童款： ↔ 18cm×↕42cm）	1	（7cm×49cm）EVA軟墊×1片 （◎小童款EVA：7cm×39cm）
背帶連接布	紙型H	2	
裡袋身			
裡袋身前片	紙型A	3	A=A1+A2+A3+A4
裡袋身後片	紙型F2	2	
包邊條	⑧4cm×105cm（斜布紋）	3	

其它材料

- 5號尼龍碼裝拉鍊：19cm×2條、20cm×1條、40cm×1條、42cm×1條，拉鍊頭×6個。
- 3.2cm寬織帶：25cm×1條。
- 皮標×1片、4-5mm鉚釘×2組。
- （2.7cm×2.2cm×10cm）皮革連接下片×1片。
- 鉚釘8-10mm×2組。
- 14mm撞釘磁鈕×1組。
▲背帶材料
- 3.2cm寬織帶：6cm×1條、60cm×1條（◎小童款40cm×1條）。
- 3.2cm：日型環×1個、口型環×1個、龍蝦鉤×1個。
▲織帶連接片材料
- 3.2cm寬織帶：8cm×2條。
- 3.2cm：D型環×2個。

✂ 裁布示意圖（單位：cm）

・日本防水布

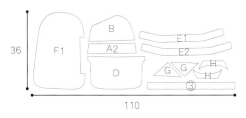

・POLY 420D尼龍裡布

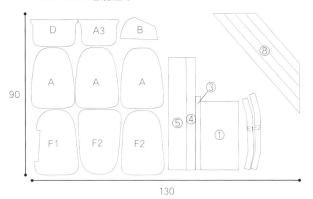

・荔枝紋帆布防水布

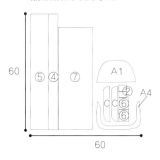

How to make

製作前貼式口袋

① 貼式口袋B表、裡布正面相對，車合上方斜口處。

② 再翻回正面，沿邊壓線0.2cm固定。

1.5cm
A1

③ 將皮革連接下片用鉚釘固定於表袋身前片A1，紙型標示處，並於背面加強固定。再於連接片另一端安裝撞釘磁釦公釦。

製作前遮拉鍊口袋

④ 再覆蓋上步驟2貼式口袋B，下方與A1齊邊，將口袋疏縫固定於A1。再於皮釦對應位置處，於B安裝磁釦母釦。

⑤ 取碼裝拉鍊19cm裝上拉鍊頭，利用拉鍊口袋布①於表袋身前片A2上方中製作16cm×2.5cm下挖式拉鍊口袋。 參考 ②【下挖式拉鍊口袋】

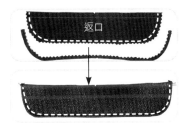

返口

⑧ 前遮片C兩片正面相對，車縫下方U型處，並用鋸齒剪修剪縫份。再翻回正面，壓線0.2cm固定。

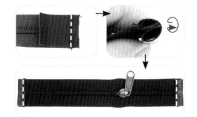

製作前立體口袋

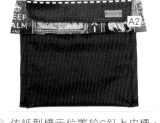

⑦ 依紙型標示位置於C釘上皮標，再將前遮片C置中疏縫固定於步驟5表袋身前片A2上方。

⑧ 取碼裝拉鍊20cm裝上拉鍊頭，拉鍊頭尾兩端分別先與拉鍊擋布②正面相對車縫，再將擋布往後翻摺縫份內摺，於正面壓線固定，將拉鍊頭尾包起。

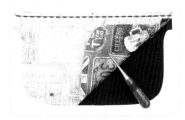

⑨ 再將立體口袋D表、裡布正面相對，於上方平口處將拉鍊置中，拉鍊正面朝表布正面，夾車拉鍊車縫固定。

⑩ 翻回正面，將表、裡布下方齊邊，沿拉鍊邊緣壓線0.2cm固定。

⑪ 將立體口袋D表布、裡布兩側摺角分別車合。

⑫ 再將立體口袋D表、裡套合，表布縫份往兩側外倒，裡布往中間倒讓縫份錯開。再將表、裡沿邊疏縫固定。

組合表袋身前片

⑬ 將步驟4貼式口袋B下方與步驟7表袋身前片A2上方，正面相對車合。翻回正面，縫份倒向B，於左右兩側接合處疏縫固定縫份，再修剪多餘的部分。

⑭ 袋身前片A2下方再與袋身前片A3上方正面相對，置中夾車步驟12立體口袋D拉鍊的另一側，小心不要車到後方拉鍊口袋布。

⑮ 翻回正面，縫份倒向A3，並掀開立體口袋D，於A3壓線0.2cm固定縫份。

⑯ 再將立體口袋D放下並與A3正面相對沿邊疏縫固定。小心不要車到後方的拉鍊口袋布。

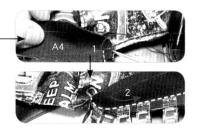

⑰ 口袋下方再與袋身前片A4正面相對，並將中心點對應好，車縫固定，並於轉彎處剪牙口輔助車縫。

Tips 車縫時先將A4兩端點反向局部車縫固定到縫份點，再將A4往下翻，順著弧度接合車縫會比較好車。

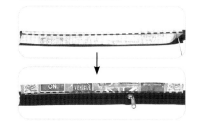

⑱ 修剪兩端弧度的縫份並翻回正面,將縫份倒向A4,壓線0.2cm固定縫份。

⑲ 取裡袋身前片A一片,與其背面相對,疏縫一圈固定。完成表袋身前片。

⑳ 前袋拉鍊口布③表、裡布正面相對,夾車40cm碼裝拉鍊,拉鍊正面朝表布正面。翻回正面壓線0.2cm,再從一端裝上拉鍊頭。

㉑ 再將前袋側身④表、裡布,正面相對,分別夾車前袋拉鍊口布頭尾兩端。

㉒ 翻回正面,分別壓線0.2cm固定。並將兩側邊表、裡布沿邊疏縫一圈固定。完成前拉鍊袋側身。

㉓ 將前拉鍊袋側身有拉鍊的那一側,拉鍊中心與步驟19表袋身前片上方中心對齊,側身接合處分別對應紙型標示記號點,正面相對車縫一圈組合固定。

㉔ 取包邊條⑧先將內袋縫份包邊,再將袋身翻回正面。 參考 ⑤
【縫份包邊A】

㉕ 將另兩片裡袋身前片A,先標示上下中心點及左右對應點,再背面相對疏縫一圈固定。

㉖ 再將步驟25裡袋身前片與步驟24前拉鍊袋側身另一邊正面相對,將側身裡面對裡袋身前片裡,對好中心點及側身接合記號點,車合一圈。完成前拉鍊袋。

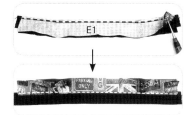

㉗ 後袋拉鍊口布前片E1表、裡布正面相對,夾車42cm碼裝拉鍊,拉鍊正面朝表布正面,並翻正壓線0.2cm。

㉘ 再取後袋拉鍊口布後片E2表、裡布正面相對,夾車拉鍊另一側,並翻正壓線0.2cm。再於拉鍊兩端裝上拉鍊頭對拉。

㉙ 將吊耳布⑥兩側往中間摺,於兩側壓線0.5cm,再分別對摺疏縫固定於後袋拉鍊口布頭尾兩端。

組合前、後拉鍊袋

拉鍊口布前片

㉚ 再將後袋側身⑤表布與裡布，正面相對，夾車後袋拉鍊口布頭尾兩端。

㉛ 翻回正面，分別壓線0.2cm固定。並將兩側邊表、裡布一起沿邊疏縫一圈。完成後拉鍊袋側身。

㉜ 後拉鍊袋側身再與步驟26前拉鍊袋側身正面相對套合，將後袋拉鍊口布前片對應前拉鍊袋側身疏縫那一圈、接合點對應好，車合一圈。

製作袋身後片

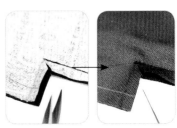

㉝ 再取另一包邊條⑧將內袋縫份包邊。 參考 ⑤【縫份包邊A】

㉞ 取碼裝拉鍊19cm裝上拉鍊頭，於表袋身後片F1表、裡布拉鍊車縫處，將拉鍊正面朝表布正面，拉鍊頭朝上，正面相對置中夾車拉鍊，兩端只能車到縫份點。

㉟ 分別於表、裡布兩端轉角處剪牙口，小心不要剪到拉鍊。

㊱ 翻回正面，再依圖示翻摺將表袋身後片F1表、裡布正面相對，夾車上方拉鍊尾端。

㊲ 同作法將表袋身後片F1表、裡布正面相對並翻摺，夾車下方拉鍊尾端。

㊳ 翻回正面，沿拉鍊框壓線0.2cm固定。

㊴ 取裡袋身後片F2兩片，先標示上下中心點及左右對應點，再背面相對疏縫一圈固定。

㊵ 裡袋身後片F2再與步驟38表袋身後片F1裡布，正面相對疏縫一圈固定。

㊶ 取織帶連接布G、▲織帶連接片材料製作織帶連接片，一共要完成兩片。 參考 ⑧【織帶連接片】

再將織帶連接片疏縫固定於表袋身後片二側圖示位置處。

另取▲背帶材料、EVA軟墊及單肩背帶布⑦製作單肩減壓背帶。參考 11 【單肩減壓背帶】

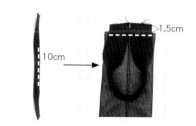

25cm長織帶取中間10cm處對摺車縫固定，製作提把。再將提把置中車縫固定於單肩減壓背帶上方正面。

再取背帶連接布H兩片，正面相對置中夾車減壓背帶上方。

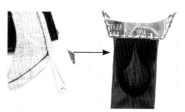

修剪兩轉角縫份，再翻回正面，沿邊壓線0.2cm。

再疏縫固定於步驟42表袋身後片上方中心。

組合後拉鍊袋

表袋身後片再與步驟33後拉鍊袋側身未車合的另一側正面相對，上下中心點及左右接合點對應好，車縫一圈組合固定。

Tips 口布拉鍊記得先拉開再組合。

利用包邊條⑧將內袋縫份包邊。 參考 5 【縫份包邊A】

將袋身翻回正面即完成。

延伸作法—小童款 ★小童款請參考備註裁剪布料。

㉑ 小童款製作方法，參考步驟1-4相同作法，製作前貼式口袋。

㉒ 取碼裝拉鍊19cm裝上拉鍊頭，利用拉鍊口袋布①於表袋身前片A5上方中間製作16cm×2.5cm下挖式拉鍊口袋。 參考 **2** 【下挖式拉鍊口袋】

㉓ 參考步驟6-7作法，將前遮片置中疏縫固定於表袋身前片A5上方。

㉔ 再將步驟51前貼式口袋下方與步驟53表袋身前片A5上方，正面相對車縫固定。

㉕ 翻回正面，縫份倒向上方的前貼式口袋，並修剪兩端多餘的部分，於A5兩側局部疏縫固定縫份倒向。

㉖ 再接續步驟19之後完成其他步驟，即可完成小童款單肩包。

可調整的減壓單肩背帶，
往前一背即變成時髦有型的前背包！
一起快樂的出遊吧！

經典帆布
後背包

打造你的故事，背出你的生活歷練！
後背包推薦！每一天都是全新的開始！

完成尺寸：長32╳寬15╳高38cm

超寬袋底大容量,多隔層設計,
輕鬆收納,實用又百搭!

高質感撞色帆布與皮件搭
配,背出個性自我!
舒適減壓背帶,分擔雙肩壓
力,減輕身體的負擔!
裝載著行李,背上勇氣與夢
想,來場城市中的輕旅行!

裁布表　★燙襯未註明=不燙襯。數字尺寸已含縫份；紙型未含縫份，需另加縫份。縫份：未註明=0.7cm。

部位名稱	尺寸	數量	備註
表袋身			
表袋身前片(上)	紙型A1	1	
	紙型A2	正1反1	
表袋身前片(下)	① ↔ 31.5cm × ↕ 21.5cm	1	
前拉鍊口袋布	② ↔ 22cm × ↕ 45cm	裡1	
立體口袋布	表：③ ↔ 43.5cm × ↕ 21.5cm	1	
	裡：④ ↔ 43.5cm × ↕ 19.5cm	裡1	
袋身後片	⑤ ↔ 31.5cm × ↕ 37.5cm	1	
前／後貼邊	⑥ ↔ 31.5cm × ↕ 5.5cm	2	
側身	紙型B1		
側貼邊	紙型B2	2	
袋蓋上片	表：紙型C1	1	
	裡：紙型C2	裡1	
袋蓋下片	紙型C3	表1裡1	
袋蓋裡	紙型C4	1	
袋底	紙型D	1	（12cm×29cm）EVA軟墊×1片。
後拉鍊口袋布	⑦ ↔ 26cm × ↕ 58cm	裡2	
吊環布	⑧ ↔ 4cm × ↕ 5.5cm	1	
後飾布	⑨ ↔ 32cm × ↕ 3.5cm	1	
減壓背帶布	紙型E（紙型為實版已含縫份）	表：正1反1　裡（◆註）：正1反1	EVA軟墊：紙型E1（正1反1）（紙型為實版已含縫份）
織帶連接布	紙型F	2	
裡袋身			
內袋身	紙型G1	1	
內貼邊	紙型G2	表2	
拉鍊口袋布	⑩ ↔ 26cm × ↕ 54cm	1	
貼式立體口袋布	⑪ ↔ 53cm × ↕ 60cm	1	

◆註：背帶裡布配色盡量與織帶同色，車壓固定線時會比較美觀。

🔧 其它材料

- 3號尼龍碼裝拉鍊：24cm×1條、拉鍊頭×1個。
- 5號尼龍碼裝拉鍊：20cm×1條、21cm×1條、23cm×2條、拉鍊頭×4個。
- 3.2cm寬織帶：30cm×1條。
- 2cm：D型環×2個。
- 鉚釘：8-10mm×4組、9-12mm蘑菇釦×2組。
- 12.5mm彈簧壓釦×4組。21mm雞眼釦×8組。
- 3.5cm寬皮革包邊條：71cm×1條。

▲背帶材料
- 3.2cm：D型環×2個、日型環×2個。
- 3.2cm寬織帶：60cm×2條。
- 3.5cm寬皮革包邊條：110cm×2條。

- 2.5cm寬皮革包邊條：19cm×2條、33cm×1條。
- 3mm塑膠管：19cm×2條、33cm×1條。
- 5mm棉繩：150cm×1條。
- （寬1.9cm×長19cm）雙面合成皮包釦×3組。
- （寬12cm×長10cm）蝴蝶結皮革袋口蓋×2組。

▲織帶連接片材料
- 3.2cm：D型環×2個。
- 3.2cm寬織帶：8cm×2條。

裁布示意圖（單位：cm）

・8號防潑水帆布（藍）

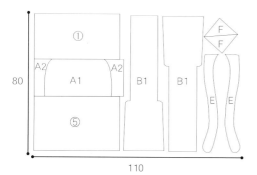

80

110

・8號防潑水帆布（咖）

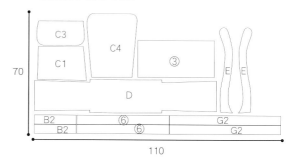

70

110

・POLY 420D尼龍裡布

135

130

・皮革布

6

40

 How to make

`製作表袋身前片`

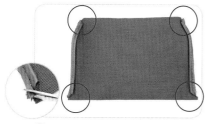

❶ 取2.5cm寬包邊條19cm及塑膠管各兩條，依紙型標示位置分別於表袋身前片（上）A1兩側製作出芽，並修剪尖角縫份。 參考 ❹【皮革出芽及包繩A】

❷ 將表袋身前片（上）A2分別與A1兩側，正面相對車合。再將兩側縫份倒向A1，用骨筆刮順。

❸ 取前拉鍊口袋布②與5號碼裝拉鍊20cm裝上拉鍊頭後，於A1上方中間製作16cm×2.5cm下挖式拉鍊口袋。 參考 ❷【下挖式拉鍊口袋】